地球物理勘探与资源开发探索

余长恒 古志文 著

东北林业大学出版社
Northeast Forestry University Press
·哈尔滨·

版权专有　侵权必究
举报电话：0451-82113295

图书在版编目（CIP）数据

地球物理勘探与资源开发探索 / 余长恒, 古志文著.
哈尔滨：东北林业大学出版社, 2025.5. -- ISBN 978
-7-5674-3868-2

Ⅰ.P631

中国国家版本馆CIP数据核字第2025EK4062号

责任编辑：乔鑫鑫
封面设计：文　亮
出版发行：东北林业大学出版社
　　　　　（哈尔滨市香坊区哈平六道街6号　邮编：150040）
印　　装：河北昌联印刷有限公司
开　　本：787 mm×1092 mm　1/16
印　　张：16
字　　数：266千字
版　　次：2025年5月第1版
印　　次：2025年5月第1次印刷
书　　号：ISBN 978-7-5674-3868-2
定　　价：85.00元

如发现印装质量问题，请与出版社联系调换。（电话：0451-82113296　82191620）

前　言

在浩瀚的自然界中，地球蕴藏着无尽的资源与奥秘。随着人类社会的不断发展，对自然资源的需求日益增长，如何高效、可持续地开发自然资源，成了摆在我们面前的一项重大课题。地球物理勘探，作为资源开发领域的一项重要技术，正以其独特的优势，在资源勘探与开发中发挥着不可替代的作用。地球物理勘探，简而言之，是利用物理学原理和方法，通过观测和分析地球物理场（如重力场、磁场、电场、地震波场等）的变化，来推断地下地质构造、岩性分布以及矿产资源的赋存状态。这一技术不仅具有探测深度大、分辨率高、受地表条件影响小等优点，而且能够实现对地下资源的非破坏性勘探，为资源开发的科学决策提供了有力支持。

回顾历史，地球物理勘探技术的发展经历了从简单到复杂、从定性到定量的过程。随着科学技术的不断进步，现代地球物理勘探技术已经形成了包括重力勘探、磁法勘探、电法勘探、地震勘探、放射性勘探等在内的多种方法体系。这些方法各具特点，相互补充，共同构成了地球物理勘探的完整技术链条。

在资源开发探索中，地球物理勘探的应用范围十分广泛。无论是石油、天然气、煤炭等传统能源的勘探开发，还是金属矿产、非金属矿产以及地热、地下水等资源的寻找与利用，都离不开地球物埋勘探技术的支持。通过地球物理勘探，人们可以更加准确地了解地下资源的分布规律，从而对资源进行科学合理的开采和有效利用。

然而，面对日益复杂的地下地质条件和不断变化的资源需求，地球物理勘探技术也面临着新的挑战和机遇。如何进一步提高勘探精度和效率，更好地适应复杂地质条件下的勘探需求，并推动地球物理勘探技术的创新与发展，成了我们亟待解决的问题。

因此，加强对地球物理勘探技术的研究与应用，推动资源开发探索的深入发展，不仅对于保障国家资源安全、促进经济社会发展具有重要意义，而且对于推动地球科学研究的进步和发展也具有深远的影响。让我们携手共进，共同开创地球物理勘探与资源开发探索的美好未来。

余长恒　古志文
2025 年 1 月

目 录

第一章 地球物质勘探理论基础 ... 1
第一节 地球物质勘探概述 ... 1
第二节 地震勘探作业及其设备 ... 11
第三节 岗位设置及 HSE 职责 ... 18
第四节 勘探直接作业环节危害识别 ... 26

第二章 陆上地球物理勘探作业安全操作 ... 32
第一节 营地 ... 32
第二节 测量作业 ... 45
第三节 钻井作业 ... 47

第三章 油气勘探中地球物理勘探应用探索 ... 51
第一节 世界油气勘探理论发展简史 ... 51
第二节 具有中国特色的油气勘探理论 ... 56
第三节 油气勘探理论新进展 ... 62
第四节 非地震地质调查技术 ... 69
第五节 地震勘探技术 ... 76
第六节 井筒技术 ... 81
第七节 实验室测试分析技术 ... 92
第八节 滚动勘探开发方法应用 ... 95

第四章 页岩气地震勘探资料采集及处理技术应用 ……… 105
第一节 页岩气地震勘探采集技术 ……… 106
第二节 页岩气地震勘探资料处理技术 ……… 135

第五章 地球物理测井勘探技术应用 ……… 156
第一节 电测井 ……… 157
第二节 弹性波测井 ……… 173
第三节 放射性测井 ……… 179

第六章 资源开发概述 ……… 192
第一节 地球及其地质作用 ……… 192
第二节 全球矿产资源的概况 ……… 206
第三节 矿产资源勘查 ……… 210
第四节 矿产资源开发的生态文明问题 ……… 221

第七章 综合地球物理方法寻找开发固体矿产资源 ……… 223
第一节 矿床主要成因类型、成矿地质模式及其地球物理异常特征 ……… 223
第二节 不同矿产勘查阶段的综合地球物理勘查模式 ……… 238

参考文献 ……… 251

第一章 地球物质勘探理论基础

第一节 地球物质勘探概述

一、地球物理勘探的概念

地球物理勘探，简称物理勘探，是一种对天然存在的或人工建立的地球物理场进行观测，借以查明地下岩体的地质构造，寻找矿产或解决各种水文、工程地质和环境地质问题的勘探方法。

所谓地球物理场，指的是存在于地球及其周围的具有物理作用的空间。例如，具有重力作用的空间称为重力场，具有磁力作用的空间称为磁场，具有电流作用的空间称为电场，等等。众所周知，组成地壳的各种岩（矿）体在某些物理性质方面往往有明显的差异。例如，相对于周围的岩体而言，磁铁矿的磁性强，金属硫化物的导电性好，放射性矿体的放射性强，等等。这些差异会引起相应的地球物理场的局部变化，这种变化称为地球物理异常。地球物理异常按物理场的性质可分为重力异常、磁力异常、电性异常、放射性异常等。应采用专门的仪器测量物理场的分布状况，通过分析和研究物理场异常变化规律，并结合当地的地质资料，推断出地下一定深度范围内地质体的分布规律，从而达到地质勘探的目的。

地球物理异常是相对于其正常场的偏差。正常场是由具体物理参数均一的岩体所决定的地球物理场。其均一性与研究范围大小有关。地球物理异常按范围大小可分为大陆异常、区域异常（几千至几万平方公里）和不同级别的局部异常（小于几千平方公里）。在进行具体物理勘探时，常利用的是区域异常和局部异常。在研究局部异常时，可将地球正常场、大陆异常和区域异常之和视为正常场，作为背景值，认为它们对研究范围内的影响是稳定的。有了这样的概念，就可能根据异常的级别划分出场的某些假定的正常场水平，从而突出有用的异常。

必须指出，我们观测到的地球物理场都是由正常场、各种异常场和干扰场叠加而成的。所谓干扰，是指能使地球物理场的测量结果发生畸变，致使解释推断困难的所有因素。例如，由于上覆岩层和下伏岩层的影响，断面上部的不均匀性、局部地形等引起的干扰是地质成因的干扰；而场的短期变化、游散电流等的干扰则是非地质成因的干扰。干扰可以是随机的，也可以是非随机的。有些干扰可以通过技术和计算手段消除，有些干扰则是无法消除的。在物理勘探工作中，必须从干扰背景上划分出由被探测地质目标所引起的异常，并对其做出定性的和定量的解释。

由此可见，物理勘探方法与一般地质勘探方法不同，它具有一定的透视性。它并不直接观测研究出露于地表的岩（矿）体和地质构造，而是凭借仪器观测地球物理场的变化，以查明地下的地质问题。透视性、效率高、成本低是物理勘探方法的最大优点。在工程地质勘查中，合理地应用综合物理勘探，不仅可以指导钻探的布置，减少钻探和野外工作量，缩短勘查周期，降低成本，而且可以填补难以进行钻探工作地段的地质"空白"。但是，我们也必须认识到物理勘探技术的应用具有一定的条件性和局限性，解释成果有时具有多解性的缺点。例如石灰岩和花岗岩，它们的纵波速如果都是 5 000 m/s 的话，用地震勘探就不能区分它们。但这两种岩石的磁性不同，用磁法勘探测得花岗岩一侧磁场较强，达 1 000 γ（1γ=10⁻⁹ T），石灰岩一侧磁场较弱，仅 200 γ，很容易将它们区分出来。如果是一个深埋地下的小溶洞，虽然洞中水的电阻率比石灰岩低得多，但它的存在不足以改变电场在地面上的分布状态，电法勘探就不能发现它。这反映了物理勘探的条件性。此外，同一物理现象，可以由多种不同因素所引起，例如地震波初至时间的延长，可以由地震波行经距离的延长引起，也可以由地层弹性波速度的降低引起。这反映了物理勘探的多解性。

工程物理勘探的特点是：探测的地质目标埋藏浅、形体小；干扰因素多，要求精度高；要求与地质、钻探、工程施工相配合，工作周期短，提交成果要快；要提供岩土体物理力学参数及某些工程特性参数。在工作中要想取得较好的地质效果，需要根据具体的地质条件，合理地选用综合物理勘探方法，按一定的地质－物理模型和最优化工作程序进行工作，并与地质、钻探、实验等勘查手段密切结合，进行综合研究，以利于更好地解决各种地质问题。

二、地球物理勘探的分类

地球物理勘探是一门应用科学，它利用的物性参数多，场源、装置形式多，观测内容或测量要素多，应用范围广。为实现不同的探测目标，适应多种地质条件，物理勘探方法、种类繁多。随着物理勘探应用领域不断地扩大和科学技术地发展，新的物理方法还会不断涌现。

（一）按地球物理场的性质分类

1. 电法勘探

电法勘探是以岩（矿）体电性差异为基础的一大类物理勘探方法。目前，在电法勘探中已经利用的岩（矿）体的电学性质有导电性、电化学活动性、介电性及导磁性。岩（矿）体的任何一种或数种电学性质的差异或改变，均能引起与其有关的电场或电磁场（天然存在的或人工形成的）在空间分布状态方面发生相应的变化。因此，人们便可在地面、空中、海洋、钻孔或地下坑道中，用仪器观测电场或电磁场的分布特点和变化规律，查明地质目标在地壳中的存在状态（大小、形状、产状和埋藏深度）及电学参数值的大小，从而实现电法勘探地质的目的。

2. 地震勘探

地震勘探是以岩（矿）体弹性差异为基础的一类物理勘探方法。它根据人工激发所产生的地震波在地下传播过程中遇到弹性性质不同的分界面时产生的面波、反射波、透射波或折射波等，利用地震仪在地面接收记录地震波的传播时间，再结合波的传播速度资料，就能确定界面的埋藏深度和产状。此外，还可以根据波速、波形、振幅、频率等方面的资料进行岩性的研究，提供岩体力学参数。

地震勘探也有许多分支方法，目前比较常用的是反射波法和折射波法。

岩体声波探测法是利用频率较高的声波或超声波来测定岩体弹性性质的一种物理勘探方法。由于其波长较短，易被岩体吸收，探测范围较小，所用仪器和工作方法也与地震勘探法不同，独立成为工程地质勘查中不可缺少的测试手段。它能对岩体质量、混凝土构件质量、水泥灌浆效果作出评价。

3. 重力勘探

重力勘探是以岩（矿）体密度差异为基础的物理勘探方法。岩（矿）体密度的差异会使地球重力场发生变化，从而引起重力异常，用仪器观测并分析研究重力异常，就能探查地下地质结构、地质构造和矿床、地热田分布情况。

微量力勘探是通过测量重力场的微小变化（微伽）来研究地质构造和工程地质问题的一种方法。它能探测地下的断层破碎带和洞穴，检查水泥灌浆效果，监测地震和岩体的稳定性等。

4. 磁法勘探

磁法勘探是以岩（矿）体磁性差异为基础的物理勘探方法。借助于专门仪器进行地磁测量，获得磁异常的资料，分析磁异常与地下磁性地质体的对应关系，可反推磁性地质体在地下的分布和产状特征。磁法勘探主要用于找矿、地热勘探、地质填图和研究深部地质构造问题。

5. 放射性勘探

放射性勘探是以岩（矿）体放射性差异为基础的一类物理勘探方法。它主要是通过测量地壳内天然放射性元素放出的射线强度和气态放射性元素氡（Rn）的浓度，来达到解决有关地质问题的目的。放射性勘探有很多种方法，如自然伽玛法、中子法、伽玛-伽玛法、中子-伽玛法、静电α卡法、α径迹法、210Po法、同位素示踪法等。放射性勘探除用于寻找放射性矿和油气田外，还用于地质填图、划分岩层界线、确定含水层位置、寻找基岩地下水、探测地热和地下热水、测定岩土体的密度、测定河水泥沙含量、研究大坝渗流问题等方面。

（二）按观测场所分类

根据观测场所的不同，地球物理勘探可以分为：①航空物理勘探；②地面物理勘探；③海洋物理勘探；④地下物理勘探（将仪器置于地下坑道、钻孔中进行观测）。此外，利用卫星在宇宙中进行重磁法、无源无线电法、红外探测的地球物理勘探就称为卫星地球物理勘探。

（三）按应用范围分类

地球物理勘探按在生产实践中应用的范围，可以分为：①区域物理勘探；②固体矿产物理勘探；③油气田物理勘探；④工程及水文物理勘探。

物理勘探方法地质效果的好坏，不仅取决于方法的种类，还与地形地质条件的复杂程度、仪器性能、干扰水平及人的主观作用等因素有关。实践证明，只有充分发挥人的作用，选择最佳探测方法组合，优化工作程序，选择适当的观测方法，与地质密切相结合，才能确保物理勘探的地质效果，发挥物理勘探的独特优势。

三、工程物理勘探的主要任务

1. 区域稳定性评价和工程选址

在杭州湾核电站选址的地球物理调查中，先后进行了大中小比例尺的重力、电磁、地震、α径迹、汞气测量、声波和岩土动力参数等的测定，并广泛收集了区域地质地震资料，查明杭州湾位于江南断槽带，它是重磁力升高区，为前震旦系深变质岩组成的稳定断块。莫霍面呈平板状，埋深 29~30 km，无明显梯级带。由卫星重力测量计算结果编制的地幔对流应力场得知，杭州湾是一个远离孕震活动带的地幔对流平稳区。对电站半径 8 km 范围内长度大于 1.5 km 的断层，特别是第四系断层、全新世断层的位置、形状、产状、活动性的调查表明，核岛区是一个新构造运动不强烈、第四系活动断层不发育的稳定地区。

在工程选址方面，我们以黄河小浪底竹峪坝址选择为例。原先认为该坝址地质条件较好，覆盖层不厚，施工条件较理想，是个好坝址。然而，浅层地震勘探查明覆盖层厚达 50 m，钻探结果证明物理勘探精度达 99%。因此，最后改变了竹峪坝址的勘探布置方案，节省了费用。这说明物理勘探在坝址比较中发挥了侦察兵的作用。

2. 覆盖层和风化层的探测

在坝址、厂址、码头及其他地基勘查中要分别探测覆盖的总厚度，各分层厚度和埋深，各层的密度、干容重、孔隙度和透水性，覆盖层中古河道的位置，河谷深槽和基岩起伏等，主要采用电法勘探、地震勘探、水声勘探和各种测井方法。

在坝址和主要建筑物区探测基岩风化层，主要使用初至折射波法和电测深法，辅助使用浅层反射波法和对称四极电剖面法。在条件有利时，可用电阻率测井、地震波测井、声波测井及放射性测井，在钻孔和平洞中对风化岩体进行详细的分带。

3. 隐伏断层破碎带的探测

要查明隐伏断层破碎带的位置、规模、分布和延伸情况等，需要用地震勘探、电法勘探中的电阻率法、激电法、充电法、自然电场法、甚低频法、微重力法、静电 α 卡法等来实现。

4. 喀斯特探测

喀斯特探测主要是探测建筑区岩溶漏斗、溶洞、暗河的平面分布和岩溶地下水的分布等情况，主要使用电法勘探中的电测深和电测剖面法、自然电场法、激发极化法、甚低频法、PS（Petro-Sonde）岩性测深法、无线电波透视法、声波透视法、地质雷达、微重力法等。这些方法也可用于探测煤矿采空区、废弃坑道及其他洞穴。

5. 地下水的勘查和水文地质参数的测定

地下水的勘查包括大面积的区域地下水调查；个别地区和厂矿企业的水煤勘查；查找古河道、洪积扇、基岩储水构造；确定含水层的埋深和厚度，地下水的赋存、运动、补给关系；区分咸淡水；勘查地下水污染情况以及库坝渗漏情况等。其主要采用电阻率法、激发极化法、地震勘探、甚低频法、PS岩性测深法、放射性勘探、遥感以及各种测井方法。水文地质参数的测定主要是测定地下水流向、流速、渗透速度、影响半径，在条件有利时配合水文地质实验确定含水层导水系数、渗透系数、桶水量等，主要采用各种测井法、自然电场法、充电法、同位素示踪法、电阻率法等。

地下热水的勘查主要采用测温法、电阻率法、激发极化法、自然电场法、重磁法、静电α卡法等。

6. 环境地质勘测

这方面的探测内容很多，面广量大，如对水域面积、江河湖海岸及滩涂变迁，沙漠、冰川冻土、森林和植被覆盖、可耕地的变化，以及区域滑坡、泥石流、黄土崩塌、水土流失、地面塌陷、水域水质变化等进行普查、勘查、动态监测和预测。使用的方法是多种多样的。如用高密度电阻率法对襄十高速公路武许段某边坡的稳定性进行评价。当滑坡体上有钻孔时，可以用充电法确定滑动方向和滑动速度。又如1986年9月在杭州玉皇山脚下开凿隧洞，引钱塘江水更换西湖湖水时，就用自动测井仪在换水过程中测量水电阻率的变化，确定了更换水（混合流）的运动方向、路线、速度、分布形态，揭示了湖水更换的基本规律，为评估换水效果和制定经济合理的换水方案提供了依据。这是用物理勘探方法开展环境保护和治理的成功例子。

对工程的主要工程部位、生活设施、建筑材料等进行环境放射性检测，主要使用自然伽玛测量、射气测量、静电α卡法、伽马测井等方法。

7. 岩土体物理力学参数的测定

测定的内容主要包括电阻率、纵波速度、横波速度、密度、容重、动泊松比、动弹性模量、动剪切模量、动抗力系数、孔隙率、各向异性系数、地基承载力等工程设计所需参数，主要采用地面地震勘探、地震测井、地震跨孔原位测试、声波测试、声波测井、密度测井、电阻率测井等方法。例如，要修缮至今已有八百多年历史的杭州六和塔，但无建塔资料，于是用浅层地震法和跨孔地震法测定了塔基岩土体的物理力学参数，用直达波初至法测定了塔身的波速，计算了塔身自重和地基承载力，论证了地基是稳定的，可以承载。

8. 建筑物和地基处理工程质量的无破损检验

其内容包括：①土木工程施工过程中的物理探测，如隧洞洞周和开挖面前方隐伏不良地质现象的探测，围岩松弛带的探测；②施工影响的检测，如大坝坝基开挖和边坡开挖中爆破对岩体影响的探测；③施工质量的检验，如大坝混凝土强度的检测，桩基质量检测，地基加固处理效果的检测，灌浆质量的检测等，主要采用地震测试、声波测试和测井等方法。

9. 其他

在地基和建筑物卓越周期检测，地下古墓、古矿坑道、地下电缆和金属管道探测，石雕风化深度和防风化保护浆液渗入深度的探测等方面，工程物理勘探方法均可取得良好的效果。

工程物理勘探使用的方法正在不断发展中，应用领域也会不断扩大，未来工程物理勘探在国民经济建设中必将发挥更大的作用。

四、地球物理勘探的生产环节

地球物理勘探生产的方法较多，各种方法的工序复杂，但基本生产过程都包括资料采集、处理和解释三个环节。

第一阶段是地震资料采集，在野外进行。这个阶段的任务是在地质工作和其他物理勘探工作初步确定的有含油气希望的地区布置测线，人工激发地震波，利用野外地震仪把地震波传播的情况记录下来。进行野外生产的组织形式是地震队。HSE 管理和监控的重点也在该阶段。

第二阶段是地震资料处理，在室内进行。这个阶段的任务是根据地震波的传播理论，利用计算机对野外获得的原始资料进行各种去粗取精、去伪存真的加工处理工作，以及计算地震波在地层内传播的速度等。

第三阶段是地震资料的解释，在室内进行。运用地震波传播的理论和石油地质学的原理，综合地质、钻井和其他物理勘探资料，对地震剖面进行深入的分析研究，对反射层作出正确判断，对地下地质构造的特点进行说明，并绘制构造图，查明有含油气希望的构造，提出钻探井位。

五、我国工程物理勘探的发展概况

电法勘探的兴起已有一个半世纪的历史。在中华人民共和国成立之前，我国电法勘探的基础极其薄弱，仅有少数人，如丁毅在20世纪30年代、顾功叙在40年代尝试用电法找铁矿。中华人民共和国成立之初，随着国家建设迅猛发展，电法勘探被大规模地应用于地质勘探。1957年试用了激发极化法，70年代初，陕西第一物理勘探队首创激电衰减时找水法，石油部门用激电法找油气亦获成功。接着我国又先后引进了频率域（即"交流"）激电法、频谱激电法，并研制了相应的观测仪器，使激电法不断发展。电磁法的应用始于20世纪60年代，研究工作断续进行了近30年，早期主要处于实验研究阶段，没有在生产中推广应用。但用于工程物理勘探的甚低频法、磁偶源频率测深法、无线电波透视法，用于煤田勘探的电偶源频率测深法以及用于油气田和深部地质构造研究的大地电磁法却发展较快，至今已发展到相当规模，并取得了令人信服的地质效果。对直流电法的地形改正，我国在20世纪60年代进行了多种物理模拟实验研究，在70年代初又提出了"坐标网模拟转换法"，用微机进行二维地形影响校正。从20世纪70年代中期开始，我国发展电测资料的数字（电算法）自动解释，现已普及，使推断解释水平大为提高。

目前，高密度电法（或阵列电阻率成像法）、超高密度电法、单孔或井间直流电阻率成像法、探地雷达、瞬变电磁法、电磁场正演数值模拟和电阻率反演等是科学家的研究热点。

地震勘探始于20世纪20年代。我国从1951年起运用地震法勘探石油，1957年开展工程地震勘探。20世纪50年代以折射波法和透射波法为主。70年代浅层反射法才逐渐兴起，但发展较快，与发达国家同时进入实用阶段。80年代初，落后的多道光点示波地震仪被信号增强型工程地震仪所取代，采集数据记录在磁带（盘）上，在电子计算机上进行处理，提高了解悉精度。浅层反射波技术在工程中的应用在近几年已逐渐增多。例如在龙羊峡水库对覆盖层的分层、三峡新滩滑坡勘查、上海地铁、黄浦江和武汉长江过江隧洞、南京过江管道工程、江阴和铜陵长江大桥选址、风陵渡黄河大桥工程选址等工程中，浅层反射法都取得令人满意的效果。1989年地震波速层析成像（CT）技术在二滩电站岩体质量研究中首获成功。同时，跨孔法、水声法、面波法、常时微动测量等新技术也相继得到应用。

目前，水域弹性波勘探、井间弹性波勘探、隧道超前预报（TSP）、高分辨率地震采集技术、高分辨率地震处理及解释技术、三维地震波场正演数值模拟和叠前地震及全波反演等是研究热点。

地球物理测井简称测井，1927年始于法国，1929年电阻率测井作为商业性服务很快被石油工业所承认。测井工作在我国起步较晚。1954年在平顶山进行了第一个煤田钻井测井，1955年后相继开展了工程物理勘探测井、金属和非金属矿测井，使用的是半自动模拟记录仪。20世纪六七十年代末期发展了井中激发极化法、超声成像法、跨孔电磁波等新方法，研制出JH-1型全自动模拟综合测井仪，视电阻率、自然电位、自然伽玛等十余种测井。20世纪80年代，测井的数据采集系统跨入数字化阶段，方法和仪器逐步实现了系列化和组合化，如JZS-1型车载数字综合测井系统、JXW-1型微机测井系统、JBS-1型轻便数字测井系统、JWT-4型跨孔电磁波仪。我国井中磁测在理论和方法技术上居世界领先地位。

目前，我国已经形成了电阻率测井系列、三孔隙度测井系列、弹性波测井系列、放射性测井系列、水文参数测井系列、成像测井系列和套后测井系列，其中电阻率成像测井、声波成像测井、核磁共振测井、交叉偶极子声波测井、随钻测井等是研究热点。

其他物理勘探方法（如重磁、放射性勘探）在我国的发展也是从无到有，至今已取得了巨大发展，如种类繁多的氡气测量技术已处于世界前列。

第二节　地震勘探作业及其设备

地震资料的采集作业（简称地震勘探作业）是由地震队承担完成的。根据生产环节和作用的不同，地震队伍由测量组、采集班、钻井组、爆炸班、施工组、仪器组、后勤组等组成。队伍在野外施工作业，具有流动分散、独立性强、工作和生活条件艰苦、受外部环境影响大、受地区气候条件影响大及受农作物生长季节性的限制。地震勘探作业使用乍船运输设备、卫星定位设备和大量季节工，施工中大量消耗易燃物品（汽油、柴油）、民用爆炸物品（炸药、雷管），安全生产风险较大。

一、准备工作

首先对施工地区的气候、自然环境、地理条件、流行病等进行全面调查了解。了解当地 HSE 法规、标准要求，在此基础上，针对存在的不安全因素制定针对性的安全防范措施和应急预案，并编写项目 HSE 实施计划，以此为重点，加强全员的 HSE 教育培训和应急演练，尤其是要对新招收季节工进行安全教育培训，使所有作业人员的 HSE 意识和技能达到该项目的要求。同时，做好设备检修和物资备料工作，制订好长途搬迁计划，确保安全搬迁。出工前对员工进行全面的身体检查，并进行针对性防疫注射，讲解必要的医疗护理知识和自我保护知识，按有关规程要求做好营地（包括油库、临时炸药库、发电房、食堂、住宿和工作区）的建设，使其符合 HSE 管理规范。海上施工应做好地震队母船的建设，选择好施工区域的母船泊放区域、避风港湾，制定海上相应的应急预案，组织应急演习。

二、地震资料采集作业过程

在地震资料采集作业中，不同的工区由于激发条件和接收条件经常发生变化，因而在勘探的方法和技术上也就不可能一成不变，每个工区的施工方案都需要经过试验来确定。试验工作一般在正式生产之前进行，其目的是选取本工区内最合适的野外工作方法和技术参数。当试验工作完成，取得了本工区最合适的激发条件、接收条件等参数后，经上级批准可转入正式作业阶段。开工前应对各种地震设备做详细的安全检查及技术指标的测定，只有取得各种检查合格资料后，才能正式转入作业阶段。

地震队根据施工地表条件划分为陆上地震队、海上地震队等。由于激发地震波的方式不同，陆地上野外地震队可分为炸药震源队（井炮队）和非炸药震源队（一般为可控震源队）。其主要工作内容有地震导线测量、电缆检波器设置、震源设置、地震波的激发和地震波的接收。

测量工作是把设计规定的测线布置在工区的实际地面位置上，确定激发点和接收点的位置和高程，并在激发点和接收点上用小旗和木桩作标志，以便下一步工作的进行。最后绘制出测线位置图，标注危险源和障碍物，为下一步工作提供指导，并计算、整理测量成果。

震源设置是设置人工震源，在以炸药为震源的地震队中，包括钻井工作、药包制作和下药工作。其工作内容是在测线的激发点上按试验确定的参数进行钻井，钻井深度要够，确保药包下到预定井深。钻井后要用清水或钻井液洗井，将井中的泥包或岩屑冲出，保证药包顺利下井；然后按规定的药量把炸药包下至井中指定深度。

震源激发是爆炸员根据仪器操作员的指令操作爆炸机进行放炮，爆炸前应及时向仪器操作员报告炮点桩号、炸药量大小和爆炸深度。

在以非炸药为震源的地震队中，一般采用可控震源，即同时用几台震源车以一定组合形式在一个震点（相当于炮点）上振动几次至几十次。这种振动在野外作业时有动点振动和定点振动两种方法。动点振动是几台震源车每次振动后，各震源车保持其组织形式向同一方向挪动一定距离再振动第二次，振动第二次后再向前挪动同等距离振动第三次，直到振完所规定的次数为止，这样才算完成一个震点（即一炮）。定点振动是几台震源车在同一点连续振动，直到振完所规定的次数，这样可控震源就产生了频率可控的、连续的、垂直叠加振动信号，作为地面纵波振动的激发源。

海上气枪震源系统布置在震源船上，先把气枪沉入规定水深，利用空气压缩机向储气瓶和气枪充气，在行进过程中利用GPS定位仪，在地震波数据采集接收仪器的指令下完成震源设置和激发。

地震波的接收包括采集工作和仪器操作工作。采集工作是按要求铺设电缆和按一定的组合方式埋置检波器。仪器操作工作包括放炮前测试、调节、记录系统各单元的技术指标，取得合格的日检记录，检查外线，排除故障，保证全部检波器连通接好，待仪器工作正常后方可向爆炸员发出信号启动爆炸机，同时进行记录，记录后立即回放以监视记录并分析记录情况。在仪器操作工作过程中还要填写仪器班报，当天工作结束后应将监视记录和仪器班报送交施工组进行验收。施工员评价、验收每天的各种记录，分析记录中存在的问题，提出改进施工质量意见等。野外地震记录经整理后交计算站或解释中心进行室内数字资料处理及解释工作。

三、收尾工作

当项目施工完成了80%后，地震勘探工作就进入收尾阶段。收尾阶段的主要工作是做好各类生产资料的清理、汇总，各类垃圾的处置，野外施工测线的清理，制订搬迁计划，准备和实施营地搬迁等。进入收尾阶段，设备开始出现疲劳性故障，人员的安全意识有所放松，因此必须认真落实各项安全生产措施。

四、主要设备设施

地震资料采集野外作业用到的设备包括专业设备和辅助设备两大类，辅助设备根据地表条件的变化又可划分为陆上生产辅助设备和海上生产辅助设备。

（一）专业设备

专业设备是指为完成地质任务，记录地震波在地层传播情况的设备，包括测量设备和采集设备两类。

1. 测量设备

测量设备是测量工作的专用设备，测量员通过测量设备把设计的理论点位布置在工区的实际地面位置上，确定激发点和接收点的位置和高程，以便下一步工作的进行。常用测量设备有全站仪和 GPS 定位仪，品牌有多种，但功能差别不大。

2. 采集设备

采集设备主要包括检波器、数传电缆、采集站、电源站、交叉站、震源同步系统、记录系统（主机、磁带机、绘图仪等）及辅助设备（重复站、中继站、测试仪）等。

（1）检波器

检波器是把传到地面或水中的地震波转换成电信号的机电装置，它是地震仪野外采集的关键部件，是地震仪接收处理信号的第一个环节。当由震源激发产生的地震波到达排列时，检波器接收到地震波并将之转换为相应的电信号，通过电缆传送到采集站或地震仪中。目前陆地上多用电动式检波器（俗称速度检波器），其工作原理为：当地震波到达地面引起机械振动时，线圈对磁铁做相对运动而切割磁力线，根据电磁感应原理，线圈中产生感生电动势，且感生电动势的大小与线圈和磁铁的相对运动速度成正比。水中多用压电检波器（俗称水听器）的工作原理为：当沿着一定方向对某些电介质施力而使其变形时，其内部产生极化现象，同时在它的两个表面上产生符号相反的电荷（当作用力方向改变时，电荷的极性也随之改变），当外力去掉后又重新恢复不带电状态，这种现象称为压电效应。压电检波器就是利用压电效应将地震波引起的水压变化转变为电信号的一种机电转换装置。

（2）光纤交叉线

光纤交叉线俗称上车线，是交叉站和交叉站之间以及交叉站和仪器之间的连线，包含一端一个的光电转换盒和中间的光纤，是将地震信号传送到仪器的装置。

（3）采集链

SN428采集系统采集站和数传电缆合二为一，称采集链，每链通常由4个采集站组成。采集站是接收和处理检波器的地震信号的设备，它通过模拟线缆接收检波器的地震信号，并把接收到的模拟信号变换为一系列离散的24位数字信息，然后再把这些24位并行的数据变成串行的数据流，通过数传电缆送到交叉站，再由交叉线送到中央记录单元。

（4）电源站

电源站是给采集站供给工作电源的，而电源站则靠一个通常是12 V的电瓶供电。电源站在接收到由中央控制单元通过交叉站发来的加电命令后，借助采集大线内的一对电源线对采集站供电。一般情况下，电源站可以为多个采集站供电。

（5）交叉站

交叉站除了具有转发和传送数据的功能外，还兼有电源站的功能，它能为其两侧相邻的采集站供电。交叉站有多种类型。

（6）仪器主机

仪器主机是接收和记录由采集站传输的地震波的中央单元，由一组计算机组成。近半个世纪以来，随着电子技术、计算机技术、通信技术和地震勘探技术的迅速发展，石油地震勘探仪器也在不断发展、完善和提高。从石油地震仪器的记录内容、方式及精度来看，大致分为六代：第一代是模拟光点记录仪。第二代是模拟磁带记录地震仪，第三代是数字磁带记录地震仪，第四代是遥测地震仪，第五代是新一代遥测地震仪，第六代是全数字地震仪。

地震仪器依据传输方式等特点可分为常规地震仪器（集中式）、有线遥测地震仪器和无线遥测地震仪器（分布式）。常规地震仪器的主要特点是在地震仪器主机里进行前置放大和模数转换等工作，排列上的地震信号为模拟信号；有线遥测地震仪器是利用电缆、光缆传输技术对远距离的物理点进行测量；无线遥测地震仪器是利用无线电或其他传输技术对远距离的物理点进行测量。

目前应用最多的是有线遥测地震仪器。为确保仪器的性能稳定，地震仪器多固定在一个箱体内，安装在运载车辆或船舶内。

（7）爆炸机

地震勘探作业中的井炮遥爆系统有了显示器，操作、维修方便，机械结构简单坚固，具有雷管与井口检波器测试、精确重复起爆、自动电台延迟补偿、三重安全保护防止误放炮等功能。

（二）生产辅助设备

生产辅助设备是指为完成地震勘探作业提供支持的设备。地震勘探作业受环境因素的制约，使用的设备复杂多样。

1. 物理勘探钻机车

物理勘探钻机车分为平原钻机车、沙漠钻机车等，在物理勘探生产中担负着震源钻井的任务。

2. 物理勘探炸药车

物理勘探炸药车根据装载质量大小分为多种，在物理勘探生产中担负着运输民爆物品的任务。

3. 机动运输车辆

机动运输车辆在物理勘探生产中担负着运输作业人员和生产设备的任务，常用的有陆上机动车和沙漠运输车。

4. 推土机

推土机担负着沙漠推路、建设营地的任务，在物理勘探生产中经常使用。

5. 油品运输车

油品运输车为地震队临时油库拉运油品。

6. 水罐车

水罐车为生产人员拉运合格的生活用水。

（三）海上生产专业设备

1. 测量船

测量船作为浅水域测量定位用船，为方便生产，要求船体轻便、转弯半径小、速度快。船内导航、定位、通信设备齐全，在长距离定位作业、水深测量等方面发挥重大的作用。

2. 气枪船

气枪船是浅水域生产的激发震源，由船体和气枪震源系统组成。震源系统多种多样，美国产的 BOLT 枪市场声誉较好，震源系统具有阵列可变、用途广泛、能量高、干扰小、放炮质量高、激发准确、零污染等特点，枪体轻便灵活、装卸方便。

3. 挂机

挂机用于浅水域的人员及各种设备的运输、作业，具有轻便灵活、转向灵敏、装卸方便、停靠简单等特点，由船体、汽油发动机、操作系统组成，配备定位仪、救生圈等辅助设施。

4. 赫格隆

赫格隆是水陆两用车辆，具有通过性能良好、受地形限制小、密封好、不进水等特点，在潮沟众多、凹凸不平的滩涂和浅水域发挥着重要作用，日常生产中可用于货物、人员的运输以及测量等。瑞士产赫格隆性能良好，被国内多家物理勘探队伍引进使用。

5. 罗利冈

罗利冈是水陆两用运输车，是滩浅海生产不可或缺的重要运输设备，在水陆连接过渡带的运输为野外生产节约了大量的人力、物力和时间，具有载货多、通过性能强、平稳安全等特点。

6. 放缆船

放缆船主要用于极浅海地震生产收、放电缆作业，具有船体轻便、转弯半径小、速度快、载货量大等特点，由机械收缆装置代替人工收缆，大大提高了收缆的效率，使收缆作业时间缩短、安全性得到提高。

7. 生活母船

生活母船是海上施工的大本营，为海上生产、生活提供保障。船上配有休息活动室、洗浴间、卫生间、居住舱和厨房等，在海上生产时它就是流动基地，施工进行到哪里它就锚泊在哪里，为队伍的持续作战提供有力保障。它不仅可以解决人员食宿、生活问题，还可以存放电缆线、采集站、仪器、各种设备和配件等大量物资。

8. 拖缆船

拖缆船又称地震船、物理勘探船，上面设有电缆，有的同时带有炮缆(震源)。按拖带的电缆数量分为单缆船和多缆船（4缆、8缆、16缆等）。目前世界上单缆拖带长度最长的是 15 km。

第三节　岗位设置及HSE职责

一、地震队岗位设置

地震队岗位设置主要由书记、队长、副队长、安全员、机动员、质管员等30余个岗位组成。野外作业班组主要有施工组、安全组、工农组、警卫班、测量组、采集班、钻机班、爆炸班、仪器组、司机班等10余个班组。

二、主要岗位 HSE 职责

（一）基层队正职领导（队长、书记）HSE 职责

①贯彻执行国家和上级颁发的安全法律、法规、方针、政策及其他管理要求，基层队正职领导是本单位安全管理工作第一责任人，对本单位的安全管理工作负完全领导责任。

②负责审定安全管理工作计划、规章制度和安全规程、安全教育培训计划，并组织实施。

③按规定落实安全管理专项资金、安技措经费，保证安全生产投入的有效实施，并接受职工的监督。

④负责建立健全安全工作机构，配备专职安全管理人员，定期主持召开安全会议，及时解决安全管理工作中的问题。

⑤组织安全教育、安全活动和安全检查，督促、检查本队的安全生产工作，采取措施，整改和消除事故隐患。

⑥负责 HSE 实施程序、安全生产事故应急预案及搬迁计划的审核。

⑦及时、如实上报安全生产事故，组织或参与事故调查、处理工作，负责做好稳定职工和恢复生产的思想工作。

⑧总结、推广安全生产工作先进经验，在双文明评比、奖惩，评选先进时，将安全生产工作业绩作为重要内容之一。

（二）主管安全副职领导（安全副队长）HSE 职责

①对本单位安全生产工作负领导管理责任。

②协助正职组织制订、修订并落实安全生产工作计划、规章制度、奖惩方案、安全技术规程、安技措计划和事故隐患整改方案等，积极改善员工劳动条件。

③协助正职监督、检查安全生产、劳动保护措施、相关政策、法律、法规等在本队的贯彻实施。

④负责组织全员的 HSE 培训，负责组织特种作业人员的培训、复审工作。

⑤负责本队设备的安全管理工作，使其符合安全技术规范、标准的要求。

⑥负责组织安全、设备检查，及时整改检查出的问题和事故隐患。

⑦协助正职制定和实施本队 HSE 实施程序、安全生产事故应急预案。

⑧有权制止违章作业，如实、及时上报生产安全事故，参与事故的调查处理工作。

（三）其他副职领导（副队长）HSE 职责

①对所管辖区域安全生产工作负直接领导责任。

②负责所管辖区域安全制度的制定、实施，并对实施情况进行经常性检查监督。

③负责所管辖人员的安全培训工作。

④经常深入所管辖区域检查安全生产情况，发现问题及时整改，制止违章操作，有权停止违章作业并立即报请领导处理。

⑤参与制定并实施本单位的生产安全事故应急救援预案。

⑥参与事故的调查、分析、处理工作。

（四）机动员 HSE 职责

①及时贯彻执行国家和上级部门关于设备维修保养及施工方面的规定，负责检查和落实各类设备的操作规程、应急预案和其他安全管理制度。

②积极参加项目危害识别与风险评价，负责本队设备的安全管理，使其符合安全技术规范、标准的要求。

③组织设备安全检查，及时整改检查出的问题和事故隐患，并做好记录。

④负责对职工进行设备维护、保养、使用等安全知识的培训考核。

⑤参与机械事故的调查、分析和处理工作。

（五）安全员 HSE 职责

①在队长的领导下开展安全工作，宣传并贯彻执行劳动保护规程及安全生产规章制度；对本队的安全生产工作负有管理责任。

②坚持日常安全检查，纠正生产中违反规章制度的现象，指导员工正确操作。

③协助组织新工人、季节工和职工安全知识的教育和技术培训。

④负责消防器材的检查、管理。

⑤协助组织队上安全检查，检查班组安全活动的开展及记录情况。

⑥协助组织好车辆及驾驶员的安全管理工作。

⑦参与制定并实施本单位的生产安全事故应急救援预案。

⑧如实、及时上报安全生产事故，按要求填写事故档案。

（六）质管员 HSE 职责

①学习和遵守各项安全管理规章制度，不违章作业，积极参加安全管理活动。

②坚持岗前检查，正确分析、判断和处理各种事故隐患。

按规定穿戴劳动防护用品，妥善保管、正确使用各种防护器具和灭火器材，做到持证上岗。

④有权制止、纠正他人的不安全行为，有权拒绝违章指挥，对危害生命和健康的行为有权批评、报告和制止。

⑤参与对本队员工的安全教育和岗前培训，支持危害识别和风险评价工作，按规定穿戴劳动防护用品，妥善保管、正确使用各种防护器具和消防器材。

⑥深入施工现场履行检查、监督、指导职能，对员工岗位生产操作进行安全技术指导，制止违章作业，发现问题及时整改并上报。

⑦严格落实施工技术设计中的各项安全防范措施，经常检查和督促施工中的安全、质量工作情况。

⑧负责对新上岗工人进行质量、安全技术知识传授和指导。

（七）施工岗 HSE 职责

①严格遵守岗位操作规程和各项安全管理规定，服从班组长的管理。

②正确操作、精心维护设备，坚持岗前检查。

③按规定穿戴劳动防护用品，妥善保管、正确使用各种防护器具和消防器材。

④有权制止违章行为，有权拒绝违章指挥。

⑤落实施工设计中的各项安全防范措施，检查、督促施工中的安全质量情况，发现施工过程中的特殊危险情况应及时处理并汇报，保证施工安全。

⑥下达生产任务时，对危险地段、设施等提出切实可行的安全防范措施。

⑦负责生产技术规程的实施和监督，参加安全生产技术课题攻关。

（八）采集岗 HSE 职责

①严格遵守岗位操作规程和各项安全管理规定，服从班组长的管理。

②正确操作、精心维护设备，坚持岗前检查。正确分析、判断和处理各种事故隐患。

③按规定穿戴劳动防护用品，妥善保管、正确使用各种防护器具和消防器材。

④有权制止违章行为，有权拒绝违章指挥，对危害生命和健康的行为有权批评、制止和报告。

⑤出、收工认真检查采集站、电缆、检波器装载情况，保证采集设备在使用中安全可靠，不违章乘车。

⑥水域、滩涂作业，渡越河流、潮沟等应符合安全管理规定。

⑦发生事故立即进行抢救，落实事故应急预案。

（九）排列车司机 HSE 职责

①严格遵守交通法规和各项安全管理规定，服从交通管理人员的管理和指挥，做到安全行车。

②严格遵守驾驶员安全技术操作规程，车辆不准带"病"行驶。

③积极参加各级组织的安全教育、学习和活动，服从管理。

④驾车时证件齐全，服从调派，严禁酒后开车、开私车和乱停乱放。

⑤保障车载电台联络畅通，随时与工地保持联络。

⑥严禁人货混装。

⑦危险路段及过桥过坝时，载人车辆要求人员全部下车，在有人指挥的情况下安全通过。

⑧服从归场安全检查。

（十）爆炸车司机 HSE 职责

①严格遵守交通法规和各项安全管理规定，服从交通管理人员的管理和指挥，做到安全行车。

②严格遵守驾驶员安全技术操作规程，车辆不准带"病"行驶。确保车辆警示标志、防火帽、接地链、灭火器性能完好。

④积极参加各级组织的安全教育、学习和活动，服从管理。

⑤驾车时证件齐全，服从调派，严禁酒后开车、开私车和乱停乱放。

⑥服从归场安全检查。

⑦驾驶员必须持有爆炸证、危险货物运输从业资格证。

⑧按规定穿戴劳动防护用品。

⑨运送炸药、雷管时严格按规定路线行驶。

⑩一旦发生突发情况，应立即采取应急措施并及时上报。

（十一）普通车辆司机 HSE 职责

①严格遵守交通法规和各项安全管理规定，做到安全行车。

②严格遵守驾驶员安全技术操作规程，车辆不准带"病"行驶。

③积极参加各级组织的安全教育、学习和活动，服从管理。

④驾车时证件齐全，服从调派，严禁酒后开车、开私车和乱停乱放。

⑤服从归场安全检查。

⑥危险路段及过桥过坝时，载人车辆要求人员全部下车，在有人指挥的情况下安全通过。

⑦严禁人货混装。

（十二）钻机班长 HSE 职责

①负责本班组的日常安全管理，督促、落实操作规程。

②积极参加项目危害识别与风险评价，负责班组安全管理检查，制止违章作业，查找、整改事故隐患；负责员工岗位安全教育。

③负责生产设备、消防设施、防护器材和急救器具的检查、维护工作，使其保持完好。

④严格执行钻井施工防触电措施，消除隐患。

⑤负责监督钻井过程的安全。

⑥负责出、收工检查；检查钻工乘车及钻杆、爆炸杆、工具设备装载情况。

⑦水域、滩涂作业，渡越河流、潮沟应符合安全管理规定。

（十三）钻井质检员 HSE 职责

①遵守岗位操作规程，遵守劳动纪律，不违章作业。

②监督、检查岗位安全操作规程执行情况和劳动保护用品穿戴情况。

③有权制止、纠正他人的不安全行为，有权拒绝违章指挥，对危害生命和健康的行为有权批评、报告和制止。

④一旦发生突发情况，应立即采取应急措施并及时上报。

（十四）爆炸班长 HSE 职责

①负责本班组的日常安全管理，督促、落实操作规程。

②负责班组安全管理检查，制止违章作业，查找、整改事故隐患；负责员工岗位安全教育和岗前培训；积极参加项目危害识别与风险评价，落实防范措施。

③负责生产设备、消防设施、防护器材和急救器具的检查、维护工作，使

其保持完好。

④负责检查爆炸物品出、收工装载情况，禁止与其他物品混装。

⑤负责爆破作业过程的检查管理：确保爆炸工持证上岗；确保爆炸站、井口、警戒距离、包药、下药、放炮、哑炮处理等符合技术规程；水域、滩涂作业，渡越河流、湖泊、潮沟应符合安全管理规定；监督、指导员工正确使用劳动保护用品、器具。

⑥负责填写爆炸班报和收工后爆炸物品消耗对口校对工作。

⑦有权制止他人的违章行为，有权拒绝违章指挥。

⑧一旦发生突发情况，应立即采取应急措施并及时上报。

（十五）包药工 HSE 职责

①严格遵守岗位操作规程和各项安全管理规定，持证上岗，服从班组长的管理。

②按规定穿戴劳动防护用品，正确使用防护器具。

③有权制止、纠正他人的不安全行为，有权拒绝违章指挥，对危害生命和健康的行为有权批评、报告和制止。

④出、收工认真执行爆炸物品领取、归还规定，账目登记准确、清楚。

⑤出、收工认真检查爆炸物品装载情况，禁止与其他物品混装；雷管、炸药分别上锁；不违章乘车。

⑥负责监督、检查打井深度、下药深度是否符合要求；水域、滩涂作业，渡越河流、湖泊、潮沟等应符合安全管理规定。

⑦发生事故要立即进行抢救，落实事故应急预案。

（十六）爆炸物品警卫岗位 HSE 职责

①按规定穿戴警服，妥善保管、正确使用各种防护器具和灭火器材。

②会正确操作、维护红外线视频监控和报警系统及民爆物品信息系统。

③有权制止、纠正他人的不安全行为，有权拒绝违章指挥，对危害生命和

健康的行为有权批评、报告和制止。

④熟悉库房内爆破器材的种类、性能和安全防范措施。

⑤严格执行交接班制度和爆破器材出、进库清点制度，确保爆破器材无丢失，确保账目无差错，确保账、物、卡准确对口。

⑥按制度坚守岗位，无脱岗、睡岗；按制度定时巡回检查，确保警戒区内无吸烟、无明火、无闲杂人员。

⑦一旦发生突发情况，应立即采取应急措施并及时上报。

第四节　勘探直接作业环节危害识别

勘探作业涉及直接作业环节的有破土作业、起重吊装作业、临时用电作业、高处作业以及进入受限空间作业，主要需要审批的作业环节有临时用电作业、高处作业以及进入受限空间作业。所有审批的作业许可证保存期限均为1年。

一、破土作业

破土作业是指在油田企业生产厂区内部地面、埋地电缆、电信及地下管道区域范围内，以及在交通道路、消防通道上进行开挖、掘进、钻孔、打桩、爆破等各种作业。

破土作业危险性较大，如果不落实安全措施，贸然施工，极有可能造成地下设施损坏、停工停产或人员伤害事故。因此，必须采取措施对破土作业的危害因素进行控制。破土作业常见的风险有损坏地下设施、触电、火灾爆炸、坍塌、滑坡、坠落、机械伤害、中毒等。

（一）损坏地下设施风险

施工区域可能存在较多地下设施，在钻井时如果对地下情况不了解，施工措施不当，极易损坏地下工艺管道、光纤、电缆、通信缆等设施，影响正常生产。

（二）触电风险

手持的电动工具绝缘不良或者开挖时未落实相应的安全防范措施，导致地下电缆破损，极易造成人体触电。

（三）火灾爆炸风险

未落实相应的安全防范措施，一旦地下油气工艺管道被挖断或挖破，泄漏的油气与空气混合后遇明火极易引起火灾爆炸。

（四）坍塌、滑坡风险

地面、地下水渗入作业层面，大雨天气后造成边坡裂缝、疏松、支撑折断、走位等，开挖较深的坑、槽、井、沟未按要求设置边坡（固壁支架），违反作业程序采用挖掘底角或掏洞的方式进行挖掘，在坑、槽、井、沟的边缘堆放重物等，这些都有可能导致坍塌和滑坡。

（五）坠落风险

在已开挖的坑、槽、井、沟现场没有警示和防护设施，人员在边缘走动或巡检时易造成坠落伤害。

（六）机械伤害风险

在进行机械挖掘、钻井时人员过于靠近，易被设备碰撞造成伤害。

（七）中毒风险

运行中的工艺管道被挖断或挖破，油气管道腐蚀穿孔，邻近坑沟的污水池、污油池或下水井中的有毒有害气体窜入坑、沟，都可能导致有毒有害气体在坑、沟内积聚，造成人员中毒、窒息。

因此，在施工前应由施工主体单位进行风险识别与评估，若发现施工区域底层存在电线电缆、油气管道等危险设施，应提前设计施工方案或变更原有方案，并送至有关部门报批备案。

二、起重吊装作业

起重吊装作业在地震勘探驻地建设、拆迁中比较常见。起重吊装作业具有较大危险性。从设备本身看，起重机械系统复杂，可动零部件形状不一、运动各异、速度多变，吊装作业需要起升、变幅、旋转和运行等机构的组合运动来实现，其自身的危险点源多；从操作过程看，起重吊运的载荷质量大，协调配合人员多，起重机械及吊物经常横跨厂房或作业现场，吊物在捆绑、悬挂、运移和安放过程中容易出现坠落、挤压碰撞、机体倾翻、触电等事故。

（一）物体打击风险

吊物（具）坠落造成物体打击是起重机械作业中最常见的伤亡事故，在各种类型的起重机械作业中带有普遍性，造成这类风险的主要因素有：

①吊索具有缺陷。如吊钩变形、吊钩材质不符合要求而折断、吊钩组件松动等，致使吊物（具）坠落砸到人。起升机构钢丝绳因断丝、断股起吊过程中折断，导致吊物（具）坠落砸到人。

②捆绑吊挂方法不当。吊运带棱角的吊物时未加防护板，捆绑钢丝绳被割断，致使吊物坠落砸到人。

③超负荷。作业人员对吊物的承重不清楚，吊索具不合适；吊物连接部位未被发现（如吊物部分埋在地下、冻结在地面上、地脚螺栓未松开等），贸然盲目起吊，发生超负荷拉断索具，致使吊索具坠落（甩动）砸到人。起吊过程中，歪拉斜吊发生超负荷而拉断吊索具，致使吊索具或吊物坠落砸到人。

④过（超）卷扬。起重机械没有安装上升极限位置限制器或限制器失灵，致使吊钩继续上升卷（拉）断起升钢丝绳，导致吊物（具）坠落砸到人。

⑤作业人员站位不当。起重作业中，有些位置十分危险，如吊杆下、吊物下、被吊物起吊前区、斜拉的吊钩或导向滑轮受力方向等，如果处在这些位置，一旦发生危险，很难躲开。

（二）挤压碰撞风险

人员被起重机械或吊物挤压碰撞，也是起重机械作业中常见的伤害事故，造成这类风险的主要因素有：

①起重机械司机操作不当，运行中机构速度变化过快，使吊物（具）产生

较大惯性，对人员造成碰撞；现场指挥有误，吊运路线不合理，致使吊物（具）在剧烈摆动中挤压碰伤人。

②对重大吊物（具）旋转不稳没有采取必要的安全防护措施，致使吊物（具）在旋转中对人员造成打击碰撞；吊运作业现场管理不善，吊物（具）摆放不稳，突然倾倒碰到或砸到人。

③指挥人员在指挥流动式起重机作业时站位不当（如站在回转臂架与机体之间），受到运行（回转）中的起重机械挤压碰撞。

④检修作业中没有采取必要的安全防护措施，致使司机在贸然启动起重机械时对人员造成挤压碰撞。

（三）机体倾翻危害

机体倾翻通常发生在从事露天作业的流动式起重机上，主要原因是：吊运作业现场不符合要求，如地面基础松软，有斜坡、坑沟等；起重机械支腿架设不符合要求，如支腿垫板尺寸高度过大、材质腐烂；起重操作不当、超负荷，致使机体倾翻。

（四）触电危害

起重机械作业大部分处在有电的作业环境，触电也是起重机械作业中常见的伤亡事故，主要有以下几种情况：

①流动式起重机在高压输电线下或旁侧作业，在伸臂、回转过程中触及高压输电线，使起重机械带电，致使作业人员触电。

②桥式起重机司机室设置不合理，与滑触线同侧，司机上下起重机时碰触滑触线造成触电；歪拉斜吊或吊运过程中吊物（具）剧烈摆动，使起升钢丝绳碰触滑触线，造成作业人员触电。

③起重机械电气设施维护保养不及时，发生漏电，导致操作人员触电。

三、临时用电作业

临时用电作业在地震勘探驻地建设、拆迁中比较常见，如在正式运行的电源上所接的一切临时用电。临时用电作业具有较大危险性，主要风险是人员触电，原因如下：

①临时用电作业现场可能存在线路不规范，引发触电伤害。

②使用电焊、电动工具检修施工时，因其绝缘性能下降造成触电伤害。

③非电气专业人员在高处从事电气检/维修作业造成触电伤害等。

四、进入受限空间作业

受限空间是指生产区域内炉、塔、釜、罐、仓、槽车、管道、烟道、隧道、下水道、沟、坑、井、池、涵洞等封闭、半封闭的设施及场所。在进入受限空间作业前，应办理"进入受限空间作业许可证"。勘探作业可能涉及的进入受限空间作业主要是海上勘探施工作业用的生活母船、震源船，以及进行一些特殊地形作业等。进入受限空间作业常见的风险有火灾爆炸、中毒窒息、触电、碰伤、机械伤害、淹溺等。

（一）火灾爆炸风险

受限空间内可能盛装过原油或积存油气、沼气、硫化氢等易燃易爆物质，如果工艺处理不彻底，或者对需要进入的设备未进行有效隔离，可能导致可燃气体残留或窜入等。若作业时可燃气体的浓度达到爆炸极限，遇着火源即可发生火灾、爆炸。在进入受限空间作业时，可能存在的着火源有以下几种：

①作业人员违章使用各种明火。

②不规范使用电气设备引起电火花。

③作业人员未按规定穿戴防静电服或作业时由于摩擦产生静电火花。

④作业人员穿戴铁钉鞋或使用铁制等非防爆工具作业产生撞击火花。

⑤雷雨季节出现雷击火花。

（二）中毒窒息风险

由于受限空间内可能存在或窜入油气、沼气、硫化氢等有毒有害物质，或可能因通风不畅而缺氧，如果作业时未进行分析检测并采取相应的安全防范措施，则极易发生中毒窒息事故。

（三）触电风险

在受限空间内作业可能会用到各种电气设施和照明用具，如果在作业过程中存在违章操作，或电气设施绝缘损坏、线缆老化，且接地不良又未安装漏电保护设施，则可能发生触电事故。

（四）机械伤害风险

在受限空间内作业可能会使用到各种机械设备，若作业人员未按规定穿戴劳动保护用品或存在操作失误、违章操作等因素，则极易出现机械伤害事故。

（五）碰伤风险

在受限空间内作业时，因作业空间狭小、光线照度不够，若作业人员未按规定穿戴劳动保护用品或未按规定的作业程序实施规范作业，则极易出现碰伤等事故。

（六）淹溺风险

在受限空间内作业时，若与受限空间相连的管线、阀门未加装全封闸板断开，而由于作业人员误动作阀门或作业完毕在未清点人员确定全部撤离的情况下投送介质，则极易出现淹溺等事故。

（七）其他伤害风险

如在夏季高温天气从事受限空间作业，若未合理安排工作时间避开高温时段或未采取其他防暑降温等措施，则极易出现中暑等伤害；又如在受限空间移去盖板后，若未设置路障、围栏、照明灯等，则极易发生坠落等其他伤害。

进入受限空间作业许可证办理程序：受限空间作业安全风险较小时，由施工单位负责人持施工任务单到三级单位办理"进入受限空间作业许可证"；受限空间作业安全风险较大时，到公司安全管理部门办理"进入受限空间作业许可证"。

第二章　陆上地球物理勘探作业安全操作

针对陆上地球物理勘探生产过程中存在的安全危害，在地震作业过程中要完善管理制度和安全操作规程，加强教育，提高全员的安全意识和操作技能，安全作业，确保生产顺利进行。

第一节　营地

地震生产虽然是流动作业，但仍需要一个相对固定的基地提供后勤保障工作。营地分为长途搬迁和营地设置两部分。

一、长途搬迁

工区确定后，地震队根据工作量、生产组织方式等要求确定生产要素的配置，并把生产设施运往工区。为确保安全搬迁，要认真做好以下几项工作。

（一）搬迁组织

①成立搬迁领导小组，队长负责搬迁工作。拟定搬迁计划、搬迁路线、安全措施，做好纪律要求。必要时与地方公安、交通管理部门联系，要求给予协助。

②搬迁前，搬迁领导小组应进行驾驶员专门教育，明确任务、路线、安全措施。

③队领导、安全员带队，控制车速，车辆列队行驶，单车行驶符合道路限速要求。穿越村庄、集镇等复杂路段时要停车检查。

④队领导指定专人组织装卸工作。

（二）车辆检修

①搬迁前，检修工配合驾驶员对所有车辆进行全面检修，发现问题及时解决。

②安全员、机动员要对检修好的车辆进行检查，重点对灯光、制动、轮胎、转向等要害部位进行检查。

③长途搬迁过程中，驾驶员要认真做好每天的"三检"工作，即出车前、行驶中、收工后的检查。

④行驶中若发现车辆有异常现象，如声音大、有异味、振动强烈等，驾驶员要及时将车停靠在安全位置并做好检查。

（三）物资装卸

①物资装卸时，要有专人指挥监控，认真做好防机械伤害安全工作。

②严禁超载，并将物资捆扎牢固。

③合理安排，做好防拉伤、扭伤等对人身有伤害的工作。

（四）交通行驶

①驾驶员要带齐相关有效证件。

②遵章行驶，时刻警惕，确保行车安全。

③杜绝疲劳驾驶，确保休息时间。

（五）其他相关注意事项

①长途搬迁车辆要开具长途令。

②"长途搬迁计划及安全措施"要报三级单位及公司审批。

③车辆检查合格后，认真填写"车辆安全检查表"，地震队存档备查。

④恶劣天气及夜间严禁搬迁。

⑤严禁饮酒。

二、营地设置

营地被称为地震勘探的"大本营",是地震队临时性的生产、生活基地。

(一)设置原则

地震仪所在地区的条件和要求各不相同,营地建设差异也较大。如有的地震队在工农业比较发达、交通便利的地区,一般租住民房、公房或旅馆;有的工作在荒无人烟、气候和交通条件较差的地区,地震队须配置营房,自建营地。在设置地震队营地时,应遵循有利于野外生产,积极创造一个安全舒适的生活环境,本着因地制宜、节约费用的原则设置,不能有临时凑合的思想。抓好营地建设是为了便于生产,应在保障安全、保证职工身体健康的前提下达到这个目的。

(二)选址要求

①营地应选在无安全隐患、环境污染、传染性疾病和噪声的地方。

②营地设置应遵循安全、实用、整洁、分区合理的原则。帐篷营地设置布局要合理,帐篷间应保持 3 m 以上的距离。

③营地与主干道路通视良好,路口设警示标志及驻地指示标志。

④营地内电气线路、消防设施、排水系统布置合理。帐篷营地应配置应急物品。

⑤应在办公场所设置信号灯及公告牌,在营地附近安全地带设置紧急集合点。

(三)安全标志要求

①对危险区域设施(重要场所)设置警告标志、禁止标志或提示标志时,按先左后右、先上后下的顺序排列。

②标志牌固定分为附着式、悬挂式和柱式三种。

③驻地与交通道路交叉路口处竖立具有反光功能的队牌,在驻地大门两侧

竖立"队伍简介"和"来访者安全须知"标牌。

④队部门口应设置"三栏一榜""HSE 方针目标和承诺""驻地消防平面图"和"集团公司安全生产禁令"等标牌。

⑤办公区附近宽敞地带竖立"紧急集合点"标牌。

⑥所有重点场所门口两侧竖立"管理规定"和"领导安全承包"标牌。

⑦车场门口两侧竖立"禁止烟火"的警示牌，在车场门口外 10~20 m 路侧竖立限速 5 km/h 的安全标志。

⑧油库门口侧面设立"停车加油，请您熄火"的提示语，库区正面两边角设立"禁止烟火""禁带火种"安全标志各一面。

⑨炸药库门口两侧围网上设立"当心爆炸""禁止烟火""禁带火种"标志牌各一面。

⑩发电场要设置"当心触电"标牌。变压器要有护栏，并设"禁止靠近"标牌。

⑪所有办公室要悬挂相关管理制度和相关人员岗位责任制标牌。

⑫办公室用电设备、日光灯、空调机开关处应悬挂"节约用电"提示标志牌。

⑬办公楼门厅等人员密集的公共场所的紧急出口、疏散通道处应设置"紧急出口"标志。在远离紧急出口的地方，应将"紧急出口"标志与"紧急通道"标志联合设置，箭头必须指向通往紧急出口的方向。

⑭所有办公室门后应悬挂"紧急疏散"标识图。

⑮会议室应悬挂队伍管理、质量管理、经营管理、综合治理、党员责任区、后勤保障、队伍规划等组织机构管理网络图和管理制度。

⑯HSE 办公室要设 HSE 管理机构图和 HSE 评比台。

⑰机动办公室要设"十八法"动态分析图、机动设备管理机构图。

⑱办公室应适当悬挂部分安全提示牌。

⑲生活区张贴宿舍管理制度、紧急救援疏散图和应知方法。

⑳食堂区应设置"使用热水，谨防烫伤"等安全提示牌。

㉑ 食堂门口适当位置应设置采购物品的价目表、食品价目表等。

㉒ 食堂内适当位置应悬挂食堂管理制度、食品卫生五四制等。

㉓ 食堂内所有电器、机械安置处要张贴责任人的姓名。

㉔ 办公场所附近设置一定数量的企业、队伍文化标牌，例如团队文化、价值观、员工守则等。

㉕ 安全标志图标、尺寸具体参考《生产作业场所 HSE 管理规范》。

（四）功能区域划分

1. 办公区

① 安全标志规范齐全，并在办公楼道设置一些安全标语，深化安全文化建设。

② 确保办公区与生活区间有足够的距离，保证员工休息。

③ 搬运、挪移物资时轻拿轻放，防止人员拉伤、扭伤，同时保护好办公用品。

④ 办公区域用电密集区按要求设置隔离网，并设置"当心触电"等警示标志。

⑤ 办公室内线路规范，严禁乱拉乱扯线路，电气设备需要安装接地线，做好防触电工作。

⑥ 办公结束后及时关闭电源。

⑦ 插排不准超负荷运行，防止引发电气事故。

⑧ 办公区域不得堆放易燃易爆物品，严禁动用明火，消防器材配备足量、布局合理并保持完好。

⑨ 办公区保持干净卫生，室内经常通风，并认真落实防盗措施。

⑩ 办公室内张贴办公室管理制度并严格落实。

2. 生活区

① 安全标志规范齐全，并在生活区设置一些安全标语，提高全员安全意识。

② 生活区与办公场所、食堂、厕所保持适当距离，不准大声喧闹，保证员工休息。

③搬运、挪移生活物资时要轻拿轻放,防止人员拉伤、扭伤。

④生活区周围设置排水沟和垃圾坑,清除杂草。

⑤生活区各种电器、开关插头齐全完好,无破损,无违章接线、用电。

⑥宿舍内取暖设施指定专人看管,正确使用电暖器等设备,做好防触电、防火灾工作。

⑦消防器材应配备足量、布局合理,并保持完好。

⑧生活区干净卫生,房前无垃圾、污水,不随便停放车辆,无易燃易爆物品堆放。

⑨营房有良好的接地装置,并经常检查维护。

⑩宿舍内张贴宿舍管理制度并严格落实。

3. 食堂

①食堂应选在季节主导风的下风处,与办公区和生活区保持合理距离。

②安全标志规范齐全,如食堂管理制度、人员岗位职责、炊事机械负责人以及"防鼠""防蝇"等醒目标识。

③设置伙房时应避开污水、垃圾等污染源。

④炊事人员上岗前要进行健康体检,穿工作服上岗。

⑤工作间干净整洁,地面无污水,无变质、变味杂物堆放。

⑥房内无蝇、鼠,剩余饭菜未变质、变味,并用罩盖好。

⑦生熟食品分开放置,两刀、两板分开使用。

⑧各种炊具、用具、容器摆放整齐合理,用后清洗、消毒、擦净,无污垢、灰尘。

⑨各种炊事机械、电动炊具及鼓风机、电动机、排风扇性能良好,无漏电,安全防护装置齐全,接地可靠,有专人负责使用管理。

⑩配电盘、闸刀开关、插头无破损、老化,电线连接牢固,架设安全、合理,无漏电、短路,无裸露。

⑪ 液化气瓶、炉灶使用符合防火安全要求。

⑫ 储放库的各种生活物资、食品摆放合理。

⑬ 茶炉房整洁卫生，场地平整，无积水、垃圾和杂草，储水罐及其他容器干净、无污染，用后封盖好。

⑭ 茶炉、容器的饮用水符合卫生标准，并定期清理茶炉水垢。

⑮ 厨房和餐厅门窗防护设施安全有效，以防止蚊、蝇、鼠伤害。

⑯ 使用煤气、液化气等要安装报警器。

4. 临时停车场

① 临时停车场距离营地或其他设施至少在 10 m 以上。

② 营区内停车要有安全距离，场地平整、清洁，无杂草和易燃物堆放。

③ 四周应架设高的禁行围栏，进出口宽敞、视线良好。

④ 夜间有足够的照明设施。

⑤ 入口处应设置安全警告牌、"5 km/h"限速牌，冬季还应设置"停车放水"灭火器配备齐全、有效，有专人管理。

⑥ 场内按车型划分停车区、停放线、车号标志。

⑦ 停放车辆要整齐，保持距离，对号摆放。

⑧ 严禁在场内修车、用汽油擦车、使用明火作业。

5. 临时加油站

① 临时加油站距离营区或居民点的距离至少在 50 m 以上。

② 库区四周应加设高的禁行围栏，四周挖有排水沟，设置安全标志牌。

③ 架设避雷装置，配备一定数量的灭火器材、防火沙。

④ 库区整洁，无杂草，无易燃物堆放。

⑤ 储油罐和管线各接头、阀门无渗漏与油污，油泵、加油机及各种抽/输油管、油枪等工具、容器摆放整齐，有防尘保护措施。

⑥油罐有接地装置，有防腐、隔热、防尘、通风保护措施，有专人管理。

⑦各种油品要标牌存放，进出油料有检查、验收、登记制度。临时加油站周围 30 m 内严禁动用烟火、存放车辆设备。

⑧外租油库必须符合安全要求、资质齐全有效并签订安全协议。

6. 发（配）电站

①发（配）电站距营区 20 m 以上，周围无杂草，无易燃易爆物品堆放，场地整洁、无杂物、无油污。

②设置"防火""防触电"标志牌，并配备一定数量的干粉灭火器。

③有防尘、防雨、散热、保温措施。

④电站发电机之间保持 2 m 左右间距，护罩完整，发电机组保持清洁，无油污、不带病运转。

⑤接地线安装牢固，电气线路架设安全，走向合理、整齐、清楚、无裸露与漏电，接线盒要绝缘、封闭，无超负荷接线，各种插座、开关无破损、老化。

⑥供油罐和发电机组之间的距离不少于 5 m。

⑦油罐、油管、阀门无渗漏，罐口封闭上锁。

⑧夜间场地有照明装置。

⑨运行记录、交接班记录填写齐全、清楚。

⑩避免噪声对周围人群的影响。

7. 帐篷

帐篷是部分野外人员的临时休息、居住场所。搭建和使用帐篷时应遵守以下规定：

①帐篷搭建前应评估周边环境因素，分析可能发生的危害，合理选址。应避开危险地段（如风口、山洪、泥石流、山体滑坡等自然灾害易发地段）、繁华地段、危险场所以及易引发雷击事故的设施，避开湖泊、水库、河流、沟渠等危险水域，避开公路、高速公路、铁路、油井、油气管线及附属设施，避

开高压线、变电站等。与加油（气）站、联合站、炼油厂、化工厂、发电厂、棉站、苇场、建筑工地等危险场所保持安全距离，并与炮点保持安全距离。

②帐篷应设置通风口。应掩埋压实帐篷裙边，特殊地区要设置防野生动物袭击设施，沙漠、寒冷、高原地区要有防风暴、寒冷措施。

③在帐篷显著位置粘贴反光标志，且配备一个具 2 kg 干粉灭火器。

④在帐篷附近合适位置设置垃圾坑及简易厕所，需要时在门口设置储煤坑。

⑤帐篷内生活设施摆设规范。

⑥搭建相邻帐篷应保持足够的安全距离。

⑦帐篷内烟道设置合理，固定牢靠，各接头无漏烟。烟道应顺风安装，出口必须在顺风方向设拐脖，炉子的烟道向上有 15°~30° 的倾角，连接烟囱时必须保证方向正确。煤炉安置时应下挖放置，并在炉口设煤灰池。安装一氧化碳报警器。

⑧帐篷用电设施应有接地装置。电线用电缆铺设，禁止使用超负荷大功率电器。

⑨帐篷内严禁放置危险有害物品。

⑩坚持人员值班制度，特别是加强夜间值班，确保安全，如冬季煤炉取暖。

8. 厕所

①厕所选址应与办公区、生活区、食堂有足够的距离。

②有条件可建冲水式厕所，无条件按每 30~40 人一个坑位设置非露天厕所。

③雨雪天地面湿滑，认真做好防积水、防滑、防摔伤等措施。

④安装照明设施，线路搭建合理。

⑤指定专人负责每日清洁工作，经常采取灭蝇措施，防止传染性疾病的发生。

（五）其他注意事项

1. 起重吊装作业

起重机械作业危险性大，属于特种作业。因此，起重机械操作人员、起重指挥人员、司索人员等必须按照国家有关规定经过专门的安全作业培训，并取得特种作业操作资格证书，方可上岗操作。起重吊装作业前，应组织编制吊装作业指导书，对吊装区域内的安全状况进行检查（包括吊装区域的划定、标识、障碍、警戒区等），预测可能出现的事故，采取有效的预防措施，并将方案及事故预防措施告知所有参与作业的人员。

（1）物体打击的风险控制措施

①做好设备的定期检验。应委托有检验资质的单位定期对起重机械进行检查。

②防止吊钩损坏。根据使用状况定期对吊钩进行检查，如发现吊钩表面有裂纹、开口度增加（比原尺寸增加15%）、扭转变形（超过10°）、危险断面或吊钩颈部产生塑性变形等，应将吊钩报废。起重机械吊钩应设有防止吊物意外脱钩的保险装置。

③经常检查吊索具。钢丝绳工作时承受反复的弯曲和拉伸，易产生疲劳断丝；与卷筒和滑轮以及绳股间、钢丝间的相互摩擦容易造成钢丝绳磨损破坏；另外，它还容易受到环境的污染腐蚀和机械外力等破坏。因此，要着重检查钢丝绳断丝数、磨损量、腐蚀状态、外伤和变形程度，发现异常要及时汇报处理，严禁"带病"使用。

④吊物捆扎要得当。吊挂重物时，应在钢丝绳与吊物棱角之间加垫物，防止起吊吃力后钢丝因机械切割破断。吊物捆绑应牢靠，表面光滑的吊物应采取有效措施防止起吊后吊索滑动或吊物滑脱。起吊前，要清除吊物表面或空腔内的杂物，将可移动的零件锁紧或捆牢，防止其坠落伤人。吊运零散的物件应使用专门的吊篮、吊斗等器具，并捆扎牢固。

⑤防止超负荷。应按规定负荷进行吊装，吊索、吊具经计算选择使用，严

禁超负荷运行。当负荷接近或达到额定值时，吊运前认真检查制动器，并用小高度、短行程试吊，确认没有问题后再吊运。起吊前对吊物进行必要的归类、清理和检查，吊物不能被其他物体挤压，埋地或冰冻的物体要完全挖出，切断与周围管线、基础的一切联系。起重吊装过程中严禁歪拉斜吊，防止负荷过大造成事故。

⑥防止安全装置失灵。起重作业前应对各机构进行空车试运，检查上升极限位置限制器、制动器及其他安全装置的完好性，确认无误后方可进行吊装作业。

⑦注意作业过程防护。起重机械驾驶员要严格执行安全操作规程，当起重臂或吊物下有人、吊物上有人时，不得进行起重操作；在停工或休息时，不得将吊物、吊具等悬吊在空中。参与起重作业人员或作业现场的其他工作人员应注意自我保护，不在起重臂、吊物下停留或经过，不站在吊物倾翻、坠落可波及的地方。同时，注意避开被吊物起吊前区、斜拉的吊钩或导向滑轮的受力方向。

（2）挤压碰撞的风险控制措施

①操作人员要平稳操作。由于吊物用钢丝绳与车体连接，所以在起重机械运行、回转、停止时吊物必然会由于惯性产生摆动。因此，桥式起重机操作人员在开动大、小车时应做到起车稳、运行稳、停车稳，严禁猛烈启动和加速。流动式起重机在回转操作时回转速度应缓慢，不应粗暴使用油门加速，严防重物在摆动状态下回转；吊物回转到指定位置前应缓慢停止回转，避免突然制动使吊物产生摆动。

②落实安全防护措施。加强吊装现场管理，及时拉设安全警示区，防止无关人员进入。在起重较重物件回转时，可在物件两侧系牵引绳控制吊物，防止吊物摆动，牵引绳长要能避开吊物下方及摆动范围。吊物运输到位前应选好安放位置，放置物件时应缓慢下降，放置平稳牢靠，必要时采取支撑、垫稳措施，防止吊物滚落、倾倒。作业人员应注意站位，互相提醒，不得站在起重臂回转范围和吊物倾翻、坠落可波及的地方，距吊物必须有 2 m 以上的退让余地。如

果作业场地为斜面，则应站在斜面上方，防止吊物坠落后继续沿斜面滚移伤人。

③防止回转伤害。起重回转作业前，应注意观察在车架上、转台尾部回转半径内是否有人或障碍物。在回转作业时应首先鸣喇叭提醒人员撤到安全区域。作业现场的有关人员应提高安全意识，注意信号，与危险区域保持一定距离。

④加强检修管理。在起重机械工作时不得进行检查与维修。应针对起重机械制定检修维护方案，落实安全措施，加强维修作业人员与起重机司机的联系，防止司机贸然启动起重机械对人员造成挤压碰撞。

（3）机体倾翻的风险控制措施

作业场地倾斜或松软会使起重机架设不平，降低稳定性，应使用垫板加强支撑。放支腿前应了解地面承压能力，合理选择垫板材料、面积及接地位置，防止作业时支腿沉陷。当起吊载荷一定时，幅度变大，对起重机的侧翻力矩也变大，例如吊臂俯落、伸长、回转时幅度都会变大，因此不能盲目增大工作幅度，防止起重机失稳。当工作幅度一定时，载荷变大，对起重机的侧翻力矩也变大。当重物快速下降或快放落钩而中途急停时，会产生"超重"和冲击，起重机会失稳，因此要控制好重物下降速度，平稳增加制动，防止翻车。作业现场人员应了解上述情况，防止翻车造成人员伤害。

（4）触电的风险控制措施

①与架空输电线路保持安全距离。起重机械及其臂架、吊具、钢丝绳和吊物不得靠近高/低压输电线路。必须在输电线路附近作业时，与输电线路的安全距离应符合 GB 6067《起重机械安全规程》的要求。

②桥式起重机司机室应设在无导电滑触线的一侧；由于条件限制而必须设在滑触线一侧的，应设可靠的防触电护板。吊运过程中，禁止歪拉斜吊。操作起重机械时应做到平稳操作，防止吊物剧烈摆动使起升钢丝绳碰触滑触线而造成触电。

③加强起重机械电气设施的维护保养，保证设施始终处于良好的工作状态。

2. 电气设施

①安装的设备应便于维修、检查、测试，电力设备和电源线应符合用电设备的最大电流要求。

②电线接头要根据线的尺寸、绝缘程度、机械强度和保护采用合适的结构。

③所有电路都应有防止电流过强的自动保护装置。

④设备的金属外壳应接地，接地的中性导体不应接保险丝或电路保护装置（熔断电路保护器除外），所有导体都应有绝缘保护，防止发生危险。

⑤切断每台电气设备设施的有效方法应便于操作。

⑥电气设备设施正常使用时要由专人（持有电工证）进行操作并看管好设备。

⑦安装时应提供适当的安全通道及留出宽敞的工作空间，高处作业要系安全带，采取防护措施并有专人现场监控。

⑧暴露于潮湿、腐蚀或其他不利条件下的设备都应采取必要的保护措施。

⑨设备周围应有防止发生火灾和爆炸的措施。

⑩除主管人批准外，对已安置好的设备任何人不得进行任何变动。

⑪ 所有的不安全设备、线路和电气设施都不可继续使用。

⑫ 不得触摸悬挂着或切断的电线。损坏的电源线应设置警告信号或标志，并立即向电工或监督报告。

⑬ 所有电动的手工工具都应接地。

⑭ 厨房所有用电设备（包括煎锅、电烤盘和烤面包炉）都应有接地线，并保持良好的工作状态。

⑮ 吊灯应安装灯罩。

⑯ 在潮湿环境下或在金属舱内施工时，使用的手提便携式电灯应配有漏电保护装置。

⑰ 在电力线附近工作时应先切断电源。

⑱ 切勿触摸发射天线，因为电台在发射状态下能造成皮肤烧伤事故。

⑲ 电气设备不准超负荷运行，以免发生电气事故。

⑳ 焊接电气设备时，要按规定穿戴劳保用品。

3. 营地卫生

① 定期对营区进行清扫、洒水、清除垃圾。

② 做好消毒及灭鼠、灭蚊蝇工作。

③ 营区应设有公共厕所，并保持卫生。

④ 员工宿舍室内通风、采光良好，照明、温度适宜，有存衣、存物设施，内务整洁卫生，地面无污物、污水，不乱堆放工具、材料。

4. 环境保护

① 应在土壤吸收性好、地表水不能流入的位置设置污水坑，污水坑应能容下营地排水，并定期消毒。

② 废弃物和垃圾应进行分类并适当处理。

③ 不得焚化危险材料。

④ 不可长期切断当地的自然排水通道。

⑤ 应设立防止油料意外泄漏的紧急措施。

第二节 测量作业

测量工作是地震勘探的基础工作，关系到地震勘探工作的全局。因此，工作中要严格执行安全操作规程，确保安全生产。

一、测量工具的使用与保养

① 测量工具一般都是精密的光学仪器，其结构复杂而又精细，有的部分是

易碎的玻璃质，经不起碰撞和震动，在使用测量工具时一定要小心谨慎，做到安全使用、安全搬运。

②对测量工具性能不了解时，不要随意操作，使用时各固定螺旋不应扭得太紧，微动螺旋应使用中间部分。

③仪器在使用、保管过程中还要注意防潮、防淋、防尘、防晒。因此，仪器箱须经常盖好，勿使灰尘、脏物、雨水进入箱内，箱内配备的干燥剂应定期检查。仪器受潮时须打开箱盖，在干燥的室内晾干后再擦拭。

④当野外作业结束后，要用软布、软毛刷轻轻擦拭仪器，对仪器的透镜部分应特别谨慎，不能用手、布、纸等揩擦。对于仪器的转动部分及易生锈部分（包括三脚架）须定期擦油。

二、野外作业安全操作

①提前了解工区地下电缆，油、气、水管道等地下设施以及地面上的一般民用建筑、沙堤、水库、桥梁等。

②在测量确定井位时，炮井应按规定的安全距离远离以上设施，并且要求井口周围场地相对平坦，无下陷、垮塌情况，在其周围 30 m 范围内无高压输电线路通过。

③当测线经过河流、沟渠、陡崖等危险地段时，应使用专用工具并在采取监护措施的情况下进行。

④在进行测量工作时还要求测站 5 m 以内无闲杂人员，各测量岗位应共同负责施工现场的安全工作。

⑤岸台安装必须离开高压线 50 m 以上，应设置合格的避雷装置，电源符合安全要求。

⑥雷雨天气必须停止作业，禁止在大树下、高大建筑下等易遭雷击地避雨。

⑦不准在易燃易爆场所和禁火区域吸烟、使用明火及通信射频器材。

⑧夏季施工应采取防暑降温措施，预防人员中暑；冬季施工应采取防冻保温措施，预防人员冻伤。

⑨在进行搬运、装卸作业时，要合理安排，认真做好安全监控，防止拉伤、扭伤等人身伤害事件。

⑩测量工野外作业时，还应注意食品卫生、饮水卫生，防止食物中毒、疾病流行等危害发生。

第三节　钻井作业

钻井作业主要是野外机械操作工作，要求在工作过程中各岗位之间要协调一致。司钻、一钻工、二钻工、三钻工要严格按照安全操作规程作业，以保证生产安全、正常进行，否则有可能影响工作效率或造成事故。钻井组的人员分工应明确，各钻工要配合好司钻的工作，做好司钻的助手。

一、安全通则

①所有钻井人员在施工过程中必须穿工作服、工鞋，戴安全帽。

②各钻工应坚守岗位，严禁脱岗、串岗、乱岗。

③合理使用生产工具。

④熟练掌握本岗位的安全操作规程。

⑤按技术要求保养好各零部件，坚持"十四字作业法"，即清洁、润滑、调整、紧固、防腐、安全、整齐，确保设备本质安全化，以保证在施工中提高钻井速度、延长钻机使用寿命。

下面以 WT-50M 型钻机为例，说明机井组中的司钻、一钻工、二钻工、三钻工的主要作用及在工作过程中的安全要求。

二、作业准备

①班组人员须了解当日施工任务、设备、测线环境、施工方法诸因素可能对安全的影响，并有相应的施工安全措施。

②备有测量组提供的施工草图，了解草图中的地面建筑、高压输电线、地下设施以及广播电台、电视台、雷达等的具体位置。

③在选井位时注意井位与这些设施的安全距离，保证井位上方无高压电线，井位下方无地下设施。当井位上方有高压电线通过或离地面建筑较近时，为确保安全，井位必须偏移或空点，移动井位后还必须绝对保证竖立井架时的安全及偏移点的安全性。

三、钻工安全操作

（一）司钻安全操作

司钻是钻机的操作者，负责钻井作业的组织和指挥工作。

①要掌握钻机结构、性能和工作原理，熟练掌握钻机的使用和维修。经过专业培训、考核取得合格证后，持司钻操作证上岗。

②在出工前和收工后应做好分动箱、平台车体部位和操作系统及其部件的润滑、检查、维修保养，并组织各岗位按安全要求做好钻机其他部位的检查、保养工作。发现问题及时处理。

③在施工中按地震勘探施工设计要求选好井位。

④根据不同地层合理选用钻具，按操作标准正确操作，随时观察钻机各部位运转状态，并掌握钻井进尺、转速和泵量的配合。

⑤发现异常立即停止动力，检查维修，排除事故隐患。

⑥在操作钻机的同时还应认真组织、指挥井场各岗位，使所有机组人员密切配合、协同操作。

（二）一钻工安全操作

一钻工的主要任务是配合司钻操作钻机。

①在施工前和收工后要按各级保养要求对动力头、升降系统进行润滑、维护，严格按要求定期为液压系统添油、换油、清洗，更换滤清器。

②每天检查三联齿轮泵，提升加速马达、动力头旋转马达，紧固及清洗钻井泵球塞马达，发现问题及时解决。

③在施工中认真履行职责，调整好升降链条，使松紧程度符合要求；挂好后井架腿固定锁钩；扶正动力头与卡瓦对中、调正；协助二钻工清除钻屑。

（三）二钻工安全操作

二钻工的主要任务是配合一钻工上、卸钻杆。

①按技术要求挂好/摘卸右井架腿固定锁钩。

②负责液压管线、接头、固定卡子、进出油阀门的检查和维护保养。

③负责对升降链条、导轨及各部黄油嘴打黄油，确保钻机运转、润滑良好。

④负责蜗轮减速器、卡瓦及瓦座的润滑、维护保养和井架人字架的维护工作，保持平台清洁，随时清除井口钻屑。

（四）三钻工安全操作

①负责供给钻机钻进用水，及时清理钻井液池内钻屑，保证莲蓬头工作正常。

②做好钻机用水罐车的上水工作，冬季应按规定要求烤泵和加水。

③在施工前和收工后按各级保养要求做好钻井泵、进出水皮管的检查和维护保养，达到无渗漏，运转正常。

四、钻机安全要求

（一）起架

①各钻工应按规定程序和安全技术要求检查钻机，确认钻机各部技术性能

符合安全要求方可进行作业。

②井架起升时要平稳，钻机前后及井架和平台上禁止站人，各钻工应退离至平台 5 m 以外。液压传动型钻机如 WT-50M 型，钻机取力应使汽车变速杆处于五挡位置，取力手柄到中位，起升时应符合"慢—快—慢"的要求。

③井架竖立后，人字架锁钩挂牢。各液压管线无挤压、扭转、死弯及磨碰，动力头下接头与卡瓦对中。

（二）过程操作

①绝不允许钻机在无人照看的情况下工作。

②用钻井液作介质钻井时，随时注意钻井泵压力情况、钻井液循环情况；用空气作介质钻井时，如使用 WT-300 型钻机，在空压机运转前先拉动空气阀手柄打开阀门，使空气管线畅通，以免管线憋死发生事故。由于空压机排气温度较高，易损伤橡胶管线，结合钻井情况，可调节注水泵阀手柄，使注水泵连续或断续地喷水，以冷却管线和防止喷出井口的砂、土飞溅。

（三）钻机运转安全操作

①井架上严禁站人，在平台上工作时应注意远离传动轴。

②不准用手去触摸正在运转的部位，不得任意拨动操作手柄。

③在上卸钻杆时，司钻应高度注意钻具的运转方向，油门不要过大，禁止在钻杆未挂接稳妥时提升或下放。装卸钻杆时注意防止钻杆掉入井中。

④在放倒井架时井架及平台上严禁有人，各钻工应退离至平台 5 m 以外，注意轻放，落放过程平稳，不能挂碰和撞击。

五、轻便钻机安全操作

①要求井场平坦，钻机平台四角着地，防止因钻机在钻进过程中振动造成平台下陷、井架倾斜，导致机件磨损严重，甚至使井架倾倒，造成意外事故。

②在钻机装车搬运时，应先装大件后装小件，摆放整齐、牢固，防止车辆行驶中机具碰撞损坏及碰伤人员。

第三章 油气勘探中地球物理勘探应用探索

　　油气田是各种规模的地质体，其形成与分布遵循一定的地质规律，对这些规律的系统总结就形成了石油地质学的基本理论。科学的理论是认识世界的工具，也是改造世界的指南。现代油气勘探与早期的随机打井和凭直觉找油的根本区别就在于它是在油气田形成模式与分布规律理论的指导下，运用各种手段和方法进行资料的采集、处理与综合分析，判断油气田形成的基本条件是否存在，不断缩小勘探靶区，最终发现和探明油气田。"油气首先存在于石油地质学家的头脑之中"，敏锐的石油勘探家往往能够及时形成新的找油思路，借鉴以往成功经验，并把它灵活地运用到勘探工作中去。在现代油气勘探中，有许多的勘探"热点"往往都是由于发现了以前未知的或者没有引起重视的成油模式而引发的，如陆相盆地生油理论、煤成烃理论。这些不断出现的找油新概念和新热点，正是推动油气勘探不断向前发展的主动力。石油地质学是油气田勘探的主要理论基础，但是，油气勘探理论并不仅仅指石油地质理论，石油地质理论只是它的一个重要组成部分，它还涉及地球化学、地球物理学、经济管理学、决策学等多学科理论，如地质风险评价、勘探经济评价等。

第一节 世界油气勘探理论发展简史

　　油气勘探理论是在勘探实践中通过认识、实践、再认识的不断反复而缓慢地向前发展的。对油气田形成与分布规律的认识，实际上是一个总结、应用、修改"勘探模型"的过程。一个"勘探模型"也只有随着新资料的获得不断加以修正，才能更加符合地质实际，从而推动油气勘探工作不断向前发展。

世界油气勘探理论的发展历史，与人类的认识规律相符合，大致经历了从直观感觉（即原始找油理论阶段），到感性认识（即圈闭找油理论阶段），再到理性综合（即盆地找油理论阶段）三个主要发展阶段。

一、原始找油理论阶段

在早期的油气勘探活动中，由于人们缺乏对地质规律的认识，没有相应的理论做指导，找油工作主要依赖的是一种对自然现象的直观感觉，如利用油气苗找油、靠迷信观念布井等，我们称此阶段为原始找油理论阶段。

油气苗是油气勘探应用得最早，也最直观直接的标志之一，在世界石油勘探历史中曾发挥过巨大的作用。1859年，美国的第一口油井打在宾夕法尼亚州泰特斯维尔附近的油苗处，1859年8月当钻至井深21 m处的德雷克砂岩时，获得了少量的石油，标志着世界近代史上首个油田的发现。第二年在200 m深处的"第一德雷克砂岩"里钻出了自喷的石油，从而发现了华特孙油田。在我国古代最早开发和利用天然气的四川、陕西等地，确定井位的依据主要也是油气苗。我国近代以来发现的早期代表性油气田，如延长油田、老君庙油田、独山子油田、圣灯山油田、克拉玛依油田也均因其位于油气苗附近而被发现。

油气苗的存在预示着地下存在着油气的运移，说明该区至少具备了一定的油源条件。大范围的油气苗显示，更是找油极为有利的标志。美国俄克拉荷马州油气苗和含沥青砂岩遍布于该州的南部和东北部的广大地区。1875年，G.K.格勒首次在该州发现地表油气苗，1897年开始在该州正式进行石油钻探，经过近百年的勘探，证实该州含油气面积占全州面积的一半以上，共发现各种类型的油气藏3 000多个，累计生产油气已经超过25×10^8 t。

20世纪初，"油气田线状分布理论"曾统治了德国油气勘探界相当长的一段时间。在当时的德国，人们将已知的产油井点连成一条直线，找油就在该线上进行。由于当时发现的油气田大多位于盐丘构造的翼部，而盐丘构造基本是沿断层排列，故线状找油理论的应用在当时取得了不少成功的例子。但由于不同的地区其地质条件是千差万别的，最终使得"油气田线状分布理论"在推广的过程中遭受了重大的挫折。而偶然成功的例子也是有的，最有趣的是美国东德克萨斯油田的发现。洛德博士将当时美国主要油气田按照其走向延伸，正好交会于得克萨斯州腊斯克县境内的一点，他认为该地区具有其他地区少有的有利条件。据此，他为 C.M. 约勒设计了井位，前两口井都因为工程方面的原因分别于 1927 年和 1928 年报废。1929 年，约勒变卖了所有的家产，投资钻了第三口探井，1930 年 5 月该井中途测试获得油流，10 月 5 日完井后，抽吸 2 天后发生井喷，日产油 47.7 m³，终于获得了成功。比约勒稍迟一点，俄亥俄、哈伯、海湾等石油公司对该区也进行了大量的地质评价工作，1930 年 4 月在井北部 14.4 km 处钻了一口探井，于同年年底也获得了自喷油流。后来的勘探进一步表明，该区存在一个南北长近 70 km，东西宽平均 8 km 的特大型油田，是当时美国的第一号大油田。东得克萨斯油田的发现靠的是随机钻井和坚强的找油毅力，线状找油理论在该区并无任何地质科学依据，只不过它增强了约勒的找油信心。

二、圈闭找油理论阶段

随着勘探活动的进一步增加，人们对地质规律的认识开始形成并应用于找油实践。它预示着石油地质学的思想已经开始孕育，油气勘探工作也开始由盲目的随机打井走上以科学理论为指导的正确轨道。

《四川盐政史》记述了我国古代四川地区勘定气井井位的依据，"山高大者，须择其低处平原；山低小者，须择其曲折突起之处"，表明人们开始注意到地形学和地貌学在油气勘探方面的证据。这些找油概念，已经在一定程度上开始闪现出地质学的思想火花。

19 世纪中叶，在我国四川盆地自流井气田部署的井位就与背斜的轴线十分吻合，它充分说明我国古代劳动人民对油气分布规律已经有了初步的认识。与此同时，美国宾夕法尼亚的地质家们发现，油气均位于砂岩层的最高部位，也就是背斜构造的高点上，由此诞生了"背斜找油"理论。

1861 年，怀特正式发表文章，第一次明确提出了背斜是油气聚集的场所。但是该理论的提出在美国国内没有能够引起勘探家的重视，直到 1875 年，背斜聚油理论传到欧洲，才得到了广泛的采用，并取得了显著的勘探成果。1880 年以后，美国、墨西哥等美洲国家开始推广背斜找油，到第一次世界大战之前，在美国中部内陆地区就发现了大批地面背斜构造，并获得了勘探上的巨大成功。至此，石油地质学家才逐渐成为一种专门人才，并得到世界的正式承认。1917 年美国石油地质学家协会(AAPG)的宣告成立，标志着石油地质学的诞生。从此，石油地质学成为一门不可缺少的找油科学。

通过进一步的勘探实践，人们又发现油气聚集的场所不仅包括背斜，还包括其他场所，于是开始提出圈闭的概念，后来又逐渐提出复合圈闭、隐蔽圈闭等新概念。人们开始认识到，只要具备储层、盖层和防止油气逸散的遮挡条件，就有可能形成油气的聚集，而背斜仅仅是各类圈闭中最常见而且也是最简单的一种。从 1920 年前后直到 20 世纪中叶，指导油气勘探的主要理论是圈闭聚油理论。

圈闭聚油理论的形成，说明地质勘探家们已经注意到了局部的油气聚集规律。在该时期内的油气勘探工作，包括地质与物理勘探，都是紧紧围绕寻找各种类型的圈闭，查明有利于圈闭形成的各种地质环境。但是，通过进一步的实践人们认识到，并非在同一区域范围的所有圈闭都有油气聚集。由此人们开始联想到，构造并不是控制油气分布的唯一因素，勘探活动开始由感性认识发展到理性认识的新阶段。

三、盆地找油理论阶段

人类早就认识到油气是一种具有流动性的可燃有机矿产，其有机性提示人们去思考油气的形成原因，而其流动性引导人们思考应该如何去寻找它们（赵重远，1998）。世界油气的勘探与利用虽已有上千年的历史，但是直到20世纪中叶，随着圈闭聚油理论进一步发展，人们才开始认识到控制油气聚集的更宏观因素，如区域性隆起，可以说是圈闭找油概念的进一步延伸。苏联地质学家更是比较早地提出了"含油气省"的概念——"含油气省是成因上有联系的，并与一大型区域构造单元相伴随的油气聚集区域"。虽然他们对控制油气分布的这一"大型区域"还仅限于一种直观的认识，但是这些概念的提出，进一步扩大了人们对油气分布规律认识的视野，使得人们从直观感觉和对局部油气聚集规律的肤浅认识的枷锁中挣脱出来，开始了理性的、系统的思考。

后来，布罗德和耶列门科意识到，"含油气省"实际上就是沉积坳陷。他们定义"含油气省是地壳中的这样一个地段，该地段在漫长的地质历史时期是一个统一的沉积坳陷，而坳陷的特点是有沥青生成作用和区域性油气聚集的条件"。在布罗德后来的著作中，他力图从盆地的发展历史出发，从本质上将沉积坳陷同成烃成藏的过程联系起来。除此之外，Weeks、Perrodon等也先后提出了沉积盆地与油气成因的有机联系。Perrdon在其所著的《石油地球动力学》一书中，明确提出"没有盆地就没有石油"；Weeks认为，盆地分类是评价未发现油气资源评价的基础。我国已故著名地质学家朱夏先生也提出了"将盆地作为一个整体，率先考察它的全貌，进一步按构造、沉积等方面的特征把盆地划分为若干个具有不同含油气远景区"的找油方针。

沉积盆地找油理论的提出，是石油地质学从实践到认识的一次重要飞跃，它表明人们已经开始认识到只有沉积盆地才能够聚集有机物质并转化为油气。从沉积盆地整体出发，系统分析油气形成的基本地质与地球化学条件、油气源与圈闭在时间和空间上的配置关系，是正确认识油气藏平面和垂向上的分布规律，逐步缩小勘探靶区，提高油气勘探成功率和勘探效益的必由之路。立足沉积盆地，系统研究油气藏形成的石油地质条件和油气分布规律，是现代找油理论出现的重要标志。

20世纪60年代后，我国地质学家根据陆相沉积盆地油气形成特征与分布模式而提出的"油气分布的源控理论"就是现代盆地找油理论的早期代表。在大庆油田的勘探中，我国石油地质学家们就深刻认识到，长期稳定持续下沉的深坳陷是生油的最有利地区，这个地区控制了油气田的分布。提出"生（生油岩）、储（储层）、盖（盖层）、圈（圈闭）、古（古隆起）、运（运移）、保（保存）"是油气藏形成的七大要素。

立足盆地找油，实质上是源控论与圈闭论的有机结合，是现代油气勘探理论的最大特点。70年代后提出和迅速发展起来的含油气系统理论可以说是对盆地找油理论的系统总结和上升发展。

第二节 具有中国特色的油气勘探理论

我国大规模的油气勘探工作是在中华人民共和国成立后才开始的，经过50年勘探经验的积累，逐步形成了具有中国地质特色的油气勘探理论体系，并有效地指导了我国油气勘探工作，使我国很快甩掉石油工业落后的帽子，跻身世界石油大国行列；同时，对于丰富和发展世界石油地质和勘探理论起了巨大的推动作用。

中华人民共和国成立以来我国油气勘探的发展，在勘探理论方面经历了三次大的飞跃。一是继大庆油田发现以后建立的陆相生油和陆相大油气田形成理论；二是继渤海湾油气区发现以后，形成和发展起来的油气分布理论，包括源控论和复式油气聚集理论；三是继任丘油田发现后形成的古潜山油田勘探理论。这些理论的提出和发展，为我国石油工业做出了不可磨灭的贡献。

一、陆相沉积盆地生油理论

20世纪上半叶，由于技术水平落后，理论研究缺乏，我国的油气勘探工作一直没有大的发现，"中国贫油论"的观点在世界各地到处传播。究竟能不能在中国这种复杂的以陆相沉积盆地为主的地质背景下找到大油气田，对于刚刚建立起来的新中国无论是工农业生产还是国防建设都是十分关键的。我国石油工作者通过一系列的勘探实践，终于建立了系统的陆相沉积盆地生油理论，提出了陆相盆地能够形成大油气田的科学论断，为使我国甩掉石油工业落后的"帽子"，实现经济的腾飞做出了巨大贡献。

陆相沉积盆地生油理论的发展过程，大致经历了地质推测、岩石化学、有机地球化学三个主要阶段。在20世纪30至40年代，中国石油地质学家孙健初在酒泉西部盆地调查了石油沟第三系油苗后指出其生油层是陆相白垩系。1941年，潘钟祥教授根据四川、延长等地区在陆相中新生界发现油气田的客观事实，认为石油不仅来自海相地层，而且也来自淡水沉积物。在40年代后期，中国还有不少地质学家，如王尚文、田在艺等，通过对陕北、新疆及甘肃等地的油田或油气苗进行大量地质研究，分别提出了陆相沉积的侏罗系、白垩系及下第三系下部这些地区生油层。

20世纪50年代中期，随着我国石油工业的发展，陆相沉积盆地生油理论的研究从地质推测阶段步入岩石化学分析阶段。我国石油地质学家根据准噶尔、塔里木、鄂尔多斯、四川、柴达木及酒泉西部等盆地油气地质条件的研究成果，总结出形成陆相生油岩系的基本条件是：沉降幅度大的中新生代坳陷、封闭的沉积环境以及湿润气候下的湖相沉积。这些从西部地区总结出来的陆相生油理论，很好地指导了中国东部地区的油气勘探。大庆油田的发现，从理论上证明了陆相沉积盆地中不仅可以生成石油，而且能够形成大油气田。1960年11月在石油工业部召开的全国油气田分布规律研究成果汇报会上，系统地提出了陆相生油的地质和岩石化学指标，并提出了"长期坳陷有利于生油"的观点，同时指出了陆相生油的有利条件是有一定数量的生油有机质，以及具有有利于有机质向油气转化的还原环境。

进入20世纪70年代后，随着地质实验技术的发展，我国开始对各含油气盆地的生油岩有机质类型、生油门限温度、有机质热演化特征、原油与生油岩的亲缘关系等进行系统研究。应用高效气相色谱和热解色谱等先进仪器设备和技术手段，综合研究生油岩的地质和地球化学条件，建立了陆相生油岩评价标准，以及不同盆地（凹陷）的有机质演化模式，确定了油/岩和油/油之间的成因关系，提出了生油量的定量计算方法。陆相生油的研究开始步入以有机地球化学为基础的理论化、系统化、定量化的新阶段。研究发现，陆相生油和海相生油在机理上没有本质的差别，与海相地层大面积连片生油的特点不同的是，陆相盆地的油源区往往是以相互分离的"生油凹陷"的形式存在的，只要具备了有效的生油岩体积和良好的转化条件，就可以形成大的油气田。80年代后提出的低熟-未熟油理论、煤成油理论，进一步丰富了我国陆相生油理论的内涵。

二、油气分布的源控理论

油气分布的源控理论是我国老一辈石油工作者在20世纪60年代继大庆油田和渤海湾油区发现的基础上总结出来的陆相盆地油气分布理论，其基本思想是有效的烃源岩分布区基本控制了油气田的大致分布范围。它认为：在陆相沉积盆地中，油气田一般围绕生油凹陷，油气田呈半环状、多环状分布；一个生油凹陷就是一个含油区，不论凹陷的大小，只要其具备了良好的生油条件，即使是几百平方公里的微型凹陷也可能形成丰富的油气聚集。

松辽盆地和渤海湾盆地的勘探历史使我们充分认识到源控论在陆相盆地油气勘探中的重要性。1960年11月，《松辽盆地油气藏分布特点的初步探讨》报告中提出："深坳陷及其邻近地区生油条件最为有利，也有利于油气藏的形成"，"本区油气水平运移的距离不大，约为数十公里，很可能在20~30 km之间。"1961年，基本明确了松辽盆地主要的生油凹陷在古龙、三台地区，最有利和较有利的生油区面积约为 5×10^4 km²；主力生油层为青山口组灰色泥岩和页岩，平均厚度530 m，最厚地区达1 150 m；有机碳平均含量为0.5%~1.7%。1962年，正式提出了围绕生油坳陷找油的观点，并为领导决策所采用，取得了良好的勘探效益。后来的勘探结果表明，经钻探的20多个构造和地区全部获得了工业油气流或油气显示，而位于生油区以外的北部、东北部、西南部、东南部，除了富拉尔基附近有几口井获得少量油流外，其余均未获得油流。因为

在松辽北部约 $3 \times 10^4 \text{ km}^2$ 的广大地区，生油层差，虽然砂层条件较好，也只钻了 16 口井，就很快结束了勘探工作，使勘探重点得以及时转移。70 年代，对北部又进行了大规模的二次勘探，新钻了 20 口井，并进行了地质上的反复论证，得出了与原来一致的结论。

20 世纪 60 年代末以来，国外也相继出现了与"源控论"相近的观点，并在勘探实践中得到了广泛的验证。例如 1971 年，B.P. 蒂索在研究巴黎盆地侏罗系生油问题时，发现所有油田及孤立的油流井均位于生油层最好的地区之中，而生油潜力小于 500 g/t 的地区只钻出了干井。苏联地质学家罗诺夫的研究也表明，伏尔加 – 乌拉尔含油气区附近的泥盆系地层的含碳量比俄罗斯其他地区要高得多，产油区的平均有机碳含量为 1.6%，在无油区仅为 5.1‰。

可见，"源控论"不仅适用于陆相沉积盆地，而且也适用于海相沉积盆地。因为它从客观上反映了生油岩在油气藏形成中的物质基础作用。所以，烃源条件的研究应成为资源评价和油气勘探中的基础，特别是在区域勘探阶段，是必须首先遵循的一条重要原则。

三、复式油气聚集理论

从 20 世纪 60 年代到 70 年代末，我国在渤海湾盆地济阳、黄骅、下辽河、冀中、东濮等坳（凹）陷的油气勘探相继获得了重大突破。渤海湾盆地是在华北地台上发育起来的中新生代断陷盆地，其主要地质特点是：①断陷分割性强，不具备形成大型褶皱背斜的地质条件，而形成各种类型断裂构造带，断裂网络纵横交错，切割形成不同级别断块区和断块体。②在沉积上，每一断陷自成一个沉积单元，具有河湖沉积体系特点；沉积物源方向多、沉积体系多和岩性变化快；储集岩体类型多，规模小，横向连通程度差，但在平面上不同类型储集岩体呈环带状分布，在纵向上它们又相互叠置，具有明显不同于海相沉积的特点。经过 20 多年来的勘探实践人们才逐步认识到，渤海湾盆地在中新生代主要受拉张应力作用，加之受基底性质和地质演化史的影响，断块活动强烈，断裂十分发育，是具有多断陷、多断块、多含油气层和多种油气藏类型的复杂含油气盆地，油气资源十分丰富，在油气分布规律方面具有复式成藏的基本特点。正是在以渤海湾盆地为代表的陆相断陷盆地勘探成果的基础上，我国石油勘探地质学家和勘探家于80年代初提出了复式油气聚集（区）带的概念。

复式油气聚集（区）带一般从属于一定的构造断裂带，它不是一个单一层系、单一的油气藏类型和规则的油水关系的油田，而是由多个含油气层系、多油气水系统、多类型油气藏组成的油气藏群，常常是由大小不等、数十个至数百个不同规模的油气藏组成。它们在纵向上相互叠置，平面上迭合连片，构成了一个复式油气田。

不同类型凹陷，或凹陷中不同部位，复式油气聚集（区）带的类型有一定差异。李晔、刘兴才等（1981）在综合了济阳坳陷的勘探成果后提出，多环状分布是济阳凹陷油气藏分布的基本模式，一个完整的成油体系应包括五个环状复式油气聚集区带，其主要油气藏类型分别是：①凹外带：上第三系超覆油气藏，披覆背斜油气藏，残丘型古潜山油气藏；②凹边带：下第三系超覆油气藏，不整合油气藏，披覆背斜油气藏，前震旦系、古生代、中生代断块型古潜山油气藏；③洼侧带：滚动背斜油气藏，断块油气藏，水下扇岩性油气藏，与古隆起有关的断鼻油气藏；④洼陷带：深水浊积扇、深水浊积水道、前三角洲倾斜层、滑塌浊积透镜体等岩性油气藏；⑤中央隆起带：由底辟控制的背斜、断块及岩性油气藏。

在"复式油气聚集"理论指导下，渤海湾盆地的油气勘探工作取得了很好的成果。尤其是1981年以后，我国明确了复式油气聚集（区）带的主攻方向，并采用相应的滚动勘探开发程序，取得了十分显著的勘探成果。不仅在东濮凹陷开辟了一个新的石油基地，而且在东营凹陷北部陡坡带、辽河西凹西部斜坡带发现了大批油气田，在大民屯凹陷、霸州市凹陷文安斜坡等地区发现了苏桥、东胜堡、静安堡等古潜山型油田，在海滩地区发现了桩西、五号桩、长堤、孤东、张巨河、北堡和柳赞油气田，使得渤海海盆地储量和产量不断上升。

复式油气田理论的建立为在凹陷的不同部位开展针对性强的勘探与研究工作指明了方向。它告诉我们，在一个较大的区域内开展勘探工作，要同时兼顾多层系、多种油气藏类型，避免不必要的几上几下，以免延误勘探进程。

四、古潜山油气田勘探理论

古潜山油气藏虽然在亚洲、非洲、拉丁美洲、欧洲等一些国家都有发现，但其油气储量并不可观，特别是 20 世纪 70 年代以前，找到的潜山油气藏数量相当少。我国任丘油田的发现，引起世界各国石油地质学家的关注。在我国东部的渤海湾盆地发现潜山油气藏非常多，其中冀中坳陷古潜山油田的地质储量占了一半以上。又在渤海湾盆地辽河、济阳、冀中等坳陷中发现了一大批古潜山油气田。1998 年在黄骅坳陷深层的奥陶系勘探又获重大突破，发现了千米桥古潜山凝析气田。

自任丘油田被发现之后，我国石油地质工作者就陆续开展了潜山油气藏的综合研究，建立了完整的古潜山油气田勘探理论，包括：①在大量勘探实践基础上，将潜山油气藏划分为断块山（如任丘古潜山）、褶皱山（高阳低凸起）、残山（板深 7 井潜山）三种主要类型，并确定了三种复式古潜山油气田形成的基本模式。②提出了"新生古储"型潜山油气藏的重要成油机理是"早抬、中埋、晚稳定"。"早抬"是指前第三纪的构造运动使前第三系潜在储层（前震旦系变质岩、中上元古界—下古生界碳酸盐岩、中生界火成岩等）抬升至地表和近地表，遭受风化、淋滤、溶蚀，形成大量的次生储集空间；"中埋"是指埋藏的最佳时期，特别是早第三纪时期，潜山被有效的生油岩覆盖，加上良好的运移通道（断层、不整合面等），构成了古潜山形成大型油气藏的关键因素；"晚稳定"是潜山油气藏得以保存的必要条件。直到晚第三纪还在强烈活动的断层对古潜山油气保存影响很大。在渤海湾盆地内很少见深部潜山油气藏和上第三系浅层次生油气藏共存的情况。如孤岛油田，其上第三系油气藏储量规模很大，但是奥陶系潜山灰岩内仅见显示。③对潜山储集体的储集空间类型进行了深入研究，提出了潜山油气藏高产条件，并逐步形成了潜山油气藏针对性强的储量计算方法。④系统研究了潜山及潜山内幕的地球物理响应特征，使潜山圈闭钻探成功率提高到了 30%~35%。

古潜山油气勘探理论的形成，大大丰富了我国石油地质与勘探理论，开拓了渤海湾盆地及我国其他含油气盆地找油的新领域。

陆相沉积盆地生油理论、油气分布的源控理论、复式油气聚集理论、古潜山油气田勘探理论，分别从不同的角度揭示了我国含油气盆地的石油地质规律，使我国油气勘探工作迅速迈上了一个又一个新台阶。目前，我国油气工业正处于转型发展的关键时期，面临着老油田产量自然递减、新增可采储量接替难度增大的挑战。如何根据我国地质实际，提出富有创新性的理论，为油气勘探打开一扇新的窗口，是我国石油勘探面临的当务之急。特别是对我国中西部以复合叠合为主要特征的含油气盆地的认识需要进一步提高，这是关乎"稳定东部、发展西部"的战略实施能否取得成功，使我国油气勘探早日摆脱困境，再创辉煌的大事。这就要求我们必须从盆地评价、烃源岩评价、油气藏形成与分布规律多角度去研究、认识、总结。

第三节 油气勘探理论新进展

20 世纪 80 年代以来，世界石油地质理论正以飞快的速度，在成盆、成烃、成藏等各方面得到迅速发展，相关学科理论，如盆地构造理论、有机地球化学理论、储层评价理论等，也在不断丰富发展。这些新进展可以概括为四个方面，一是以板块构造学说为基础的盆地评价理论；二是以有机地球化学为基础的烃源岩评价理论，如煤成烃理论和未熟–低熟油理论；三是以含油气系统为基础的区带及圈闭评价理论；四是以层序地层学为基础的综合评价与预测理论。

一、以板块构造学说为基础的盆地评价理论

20世纪70年代后，以板块构造学说为核心的全球大地构造理论的迅速发展，带动了沉积盆地成因机制、沉积类型和油气赋存条件的研究，进一步加深了人们对油气与沉积盆地关系的了解，使得从含油气盆地原型的角度进行油气远景评价得以迅速发展。地质学家可以从全球角度利用古地理的再造来重塑盆地的发生发展历史，可以通过盆地的分类来整体、动态地评价沉积盆地的含油气远景。

盆地发育的古气候、古纬度直接控制了烃源岩的发育，因而也明显控制了油气资源的分布。而以板块构造理论为基础的全球古地理再造，可以通过恢复不同地质历史时期各大陆的相对位置，特别是显生宙全球构造的分析，来揭示古生代联合大陆的形成及中新生代联合大陆的解体细节，加深了人们对盆地原型的认识。一方面，它使人们能够从全球板块构造格局角度来研究世界油气资源的时空分布。另一方面，也使人们可以从盆地所处的大地构造位置来进行盆地的分类，对盆地或者盆地体系进行油气资源的类比及远景预测。

根据全球大地构造的观点，全球油气资源可以划分为北方油气域、特提斯油气域、冈瓦纳油气域和太平洋油气域。在地质历史时期，靠近赤道古纬度30°范围内以及全球性温暖气候变化时期（如侏罗纪）有利于烃源岩的发育。北方油气域的古生代及特提斯油气域在地质演化过程中主要位于赤道附近，因而成为全球油气资源富集的地区。

盆地分类代表了人们对盆地的整体认识。近年来以板块构造学说为基础建立的盆地分类体系也已得到广大地质界的普遍认同。不同类型的盆地由于处于不同的大地构造环境中，处在不同的盆地演化阶段，往往具有不同的构造变形特征和不同油气分布模式。以大陆内裂谷盆地和被动大陆边缘盆地为代表的拉张盆地，以前陆盆地为代表的挤压型盆地，以及具有长期发育历史的克拉通盆地具有各自不同的成油规律。对这些规律的正确认识，是我们合理评价盆地的

勘探前景，建立不同的勘探模式的重要依据。我国已故的地质学家朱夏教授曾多次强调，石油地质研究应以盆地为基本研究单元，从盆地整体出发，来系统研究盆地的特征。

二、以有机地球化学为基础的烃源岩评价理论

20世纪80年代以来，由于显微镜荧光测定技术、热解分析技术和生物标志化合物分析技术的发展，人们能够准确地确定生油母质的类型和有机质成熟度，进行油源对比和生油岩潜力的定量评价，从而促进了烃源岩评价理论的发展。在这方面有代表性的理论包括煤成烃理论、低熟－未熟油理论、碳酸盐岩成烃理论等。

1. 煤成烃理论

众所周知，煤系地层能生成甲烷，并形成大规模的天然气工业聚集。但由于陆相油源岩一般为湖相沉积，而煤系产生于沼泽相中，两者有机质的赋存形式也不同，加上油田和煤田的分布又大多不在一起，所以传统的观点认为成煤环境不利于成油。从20世纪60年代后期以来，在澳大利亚的吉普斯兰盆地、印度尼西亚的库特盆地、加拿大的斯科舍盆地和马更歇盆地等一些地区发现了一批与中、新生界煤系地层有关的油气田，从而引起了人们对煤成油研究的极大重视。我国在煤系地层找油的重大突破是在1989年以后，在吐哈盆地鄯善弧形构造带上发现了一批与侏罗系煤系地层有关的油气田。

80年代，有机岩石学与有机地球化学的结合推动了煤系地层成烃机理的研究。有学者认为，煤系地层不仅可以生成石油，而且可以形成大规模的油气聚集，煤和煤系地层中集中及分散的有机质，可以在煤化作用的同时生成液态烃类。而且在特定的地质条件下，可以部分从煤系烃源岩中排驱出来并聚集成藏，甚至形成商业性油田。

研究表明，煤系地层形成的原油在烃类组成和有机质演化方面具备一些独有的特性。主要表现在：①煤成油的族组成具有饱和烃含量高，而非烃和沥青

质含量低的特点，如澳大利亚和加拿大典型的煤成油，非烃+沥青质的含量小于10%；②在生物标志物组成特征上，煤成油富含高碳数正构烷烃，一般具有高的姥鲛烷优势（姥鲛烷与植烷的比值大于2），富含高等植物生源的环烷烃类及其衍生物，富含陆源三环萜烷及明显的藿烷类和含各种芳香烃类，具有C29甾烷的优势；③煤成油的 $\delta^{13}C$ 的特征值为 –27.00‰~–25.00‰，反映了煤成油母质类型和基本物源构成特征。其族组成的碳同位素组成，一般饱和烃最轻，非烃次之，沥青质和芳香烃则较重。

目前，煤成烃理论尚存在一些疑点和争论。煤成气是肯定的，它能够聚集形成巨大的气田及一些凝析气田，如南海的崖城气田，其凝析油就源于新统煤系地层。煤能成油也是可信的，但是对于煤系地层中形成的大规模的工业性原油，到底是以煤为主生油，还是以煤系地层中的泥岩为主生油，目前的争论还比较大，需要做进一步的研究。

2. 低熟–未熟油理论

20世纪70年代蒂索等提出了干酪根晚期热降解生烃理论，有效地指导了常规油气的资源评价和勘探工作。人们习惯上根据蒂索的这一模式，将干酪根成熟过程划分为未成熟、低成熟、成熟、高成熟和过成熟等阶段。而低熟油气系指所有非干酪根晚期热降解成因的各类低温早熟的非常规油气，即烃源岩中的某些有机质在埋藏升温达到干酪根生烃高峰阶段以前（R_o 为 0.2%~0.7%），由不同生烃机制的低温生物化学或化学反应生成并释放的液态和气态烃类，包括天然气、凝析油、轻质油、原油和重油，相当于干酪根生烃模式的"未成熟"或"低成熟"阶段，国外文献上惯称为"immature oils"，国内常统称为"低熟油"（王铁冠，1992）。

实际上，低熟油气与常规的成熟油气一样，也经历过有机质脱氧和加氢的生烃过程，油气的脂碳键都是氢饱和的，一般都不含烯烃。因此，从烃类组成意义上讲，低熟油气本来应属于成熟烃类之列，只是因其特定的有机母质的生烃活化能低，可以低温早熟生成油气，生烃高峰出现于干酪根的未成熟–低成熟阶段，才归于"低熟油气"范畴。

目前已知的低熟油大都与陆相盆地沉积或陆源有机质有关。与海洋沉积盆地相比，陆相湖盆范围小、邻近物源区、有机质搬运距离短、盆地水体能量弱，沉积－埋藏速率高，有利于各种沉积有机质的保存。因此，陆相沉积有机质往往含有更多的化学活性大而又不稳定的富氢有机质，成为早期生烃的有机母质。因此低熟油气资源常见于陆相沉积，早期生烃和分期生烃成为陆相生油的一个特色。

低熟油理论的发展和进一步完善，对于正确评价盆地的资源潜力具有十分重要的意义。目前，已在加拿大的波弗特—马更些、美国的库克湾、我国的渤海湾等陆相沉积盆地中相继发现了相当规模的低熟油资源。

3. 碳酸盐岩生烃理论

碳酸盐岩成烃特征与泥岩成烃有不同之处。我国塔里木盆地油气勘探的成果表明，尽管碳酸盐岩中似镜质体和固体焦沥青所代表的成熟度已经较高（R_o=1.1%~1.4%），但其所含的可溶重质沥青仍然保持着相当低的成熟度（T_{max}=420~440 ℃，临界成熟）。黄第藩教授等将这种现象称为碳酸盐岩中有机质的"差异成熟效应"，并认为它的产生与碳酸盐岩的催化效能较低以及固体有机质对压力作用比较敏感有关。周中毅等对不同成熟度残余干酪根烷基的红外吸收强度进行了研究认为，海相Ⅰ型干酪根在 R_o 为 1.45% 时（模拟温度 400 ℃）烷基含量仍较高，且富含氢，至 R_o 为 2.2% 仍有烷基未释放，说明碳酸盐岩中有机质的"熟化迟缓效应"确实使有机质的生烃过程具有滞后性。

该理论的提出使我们认识到，不宜把泥质烃源岩中可溶和不溶有机质的同步成烃演化模式，生搬硬套地应用于碳酸盐岩的成烃过程。对于碳酸盐岩来说，干酪根成熟度大于生油窗的下限（R_o=1.5%）时，仍有一定量的原油、凝析油生成。据此可以认为，我国碳酸盐岩生油岩的生烃潜力是相当可观的。

三、以含油气系统为基础的勘探目标评价理论

自从 1972 年在美国阿莫科石油公司工作的 W.G.Dow 提出了"石油系统"一词以来（Dow，1974），经过 20 多年的发展，已经形成完整的含油气系统理论体系，成为石油地质综合研究和油气勘探的重要思维方式和工具。随后含油气系统的研究日趋活跃，从 1988 年到 1994 年，陆续出版了《美国含油气系统》（1988）、《含油气系统研究现状与方法》等相关著作。1994 年 Magoon 和 Dow 合编的《含油气系统——从源岩到圈闭》正式出版，标志着含油气系统概念和技术已经从探索走向成熟。我国自 20 世纪 90 年代初开始引进含油气系统的概念与研究技术后，这方面的研究发展迅速，也取得了许多成效。如鄂尔多斯盆地含油气系统研究（张厚福等，1994）、塔里木盆地含油气系统的研究（梁狄刚，1997）等对于指导油气勘探发挥了重大作用。

Magoon（1994）将含油气系统（petroleum system）定义为已发现和未发现的具有成因联系的油气藏及相关地质要素的集合体。它包括成熟的烃源岩及其所形成的所有油气藏，并包含油气藏形成时不可缺少的一切地质要素和地质作用。这些地质要素包括烃源岩、储集岩、盖层及上覆岩层，地质作用包括圈闭形成、油气生成、运移和聚集、油气藏保存与破坏。

一个含油气盆地或坳陷（凹陷）内可以形成一套或多套烃源岩及储盖组合，因此在剖面上可以划分出若干个含油气系统，同一含油气系统生成的油气在平面上可以展布到多个油气聚集区带之中。因此从这个角度可以认为含油气系统是一种介于含油气盆地（凹陷）与油气聚集区带之间的含油气地质单元（胡见义，1997；宋建国，1998）。与盆地（凹陷）相比，含油气系统是模拟油气生成、运移、聚集和保存的最合适单元，借助盆地五史模拟方法，能够更加准确地模拟油气生成、运移、聚集历史，定量预测资源量及其在三维空间的分布。含油气系统的分析与模拟成为有利区带预测的有效途径。

由于含油气系统的概念强调了石油地质研究工作的系统性、动态性（赵文

智等，1997；张厚福，1998），它不仅为预测有利油气聚集区带提供了手段，更为勘探评价提供了"系统化"的逻辑思维方式。赵文智等认为，含油气系统概念"体现了以过程为主导的研究思路，突出了过程的恢复、关系建立和最终结果的表征"。因此，它强调了油气藏形成的有序性，即"从源岩到圈闭"，强调了各种要素和地质作用之间的关系。因此，将各种成油基本要素和地质作用纳入统一的时间和空间范围内进行静态与动态相结合的研究，从而阐明油气藏的形成机制与形成过程，有效地指导油气勘探目标评价（包括区带和圈闭的评价）工作。

四、以层序地层学为基础的综合评价与预测理论

层序地层学是20世纪80年代后期在沉积学、地层学和地震勘探技术不断发展、资料不断积累的基础上发展起来的一门新兴学科，是由P. Vail为代表的埃克森生产研究公司的研究人员根据被动大陆边缘沉积特征提出的，其理论基础是全球海平面的周期性升降、构造沉降、沉积物供给、全球气候变化、地形和地貌等因素控制着沉积层序的发生、层序的类型、层序内部地层的展布和相带分布。

一方面，层序地层学十分强调层序划分和地层对比的等时性，这是它区别于生物地层学、岩性地层学、地震地层学的主要标志之一。因此，层序地层学在勘探程度低的探区，可以使人们能够更精确地进行盆地范围年代地层学划分和精细对比，进行古地理再造，建立盆地三维地质结构，正确恢复盆地的沉积充填和演化历史，为盆地模拟和含油气系统研究服务。

另一方面，层序地层学研究通过综合应用反射地震资料和露头、钻井资料，建立盆地的等时地层格架，来进一步了解地层内部岩性岩相的变化，进行生储盖的综合预测，评价储层非均质性、流体性质、压力系统特征，为油藏描述服务。

更有意义的是，在勘探程度低的地区，层序地层学也是一种寻找和发现隐蔽油气藏的新手段。Vail和Sangree(1988)及VanWagoner(1990)就曾明确指出，

低水位体系域中的盆底扇、斜坡扇等浊积砂，低水位楔状体中的三角洲及分流河道砂，海进体系域中的席状砂等都是形成岩性和地层圈闭的有利场所，通常是油气勘探的重要目标。而高水位体系域中往往形成大型的三角洲，是形成大型油气田的有利场所。借助高分辨率地震、三维地震资料，可以成功地进行钻前的岩相预测，评价生储盖的空间分布，从而有效预测地层和岩性等隐蔽圈闭，提高圈闭钻探的成功率。在勘探成熟区甚至油田开发区，通过层序地层学研究，储层的精细对比，可以建立精细的储层地质模型，来达到增加新的探明储量，正确指导油田的滚动勘探开发之目的。

我国石油地质工作者已经成功地将在海相沉积分析的基础上发展起来的层序地层学理论和分析技术，广泛地应用于陆相盆地油气地质研究中，在发展了层序地层学理论的同时，有效地指导了陆相油气田的勘探与开发。

以上这些理论的形成和发展，一方面拓宽了油气勘探的思路，扩大了油气勘探的新领域，另一方面为科学地指导油气田的勘探提供了方法和工具。

第四节　非地震地质调查技术

非地震地质调查技术，是指除地震勘探技术以外的其他所有地质调查技术，包括地面地质测量、油气资源遥感、非地震物理勘探、地球化学勘探等。

一、地面地质测量

地面地质测量是最古老的地质调查技术，在世界及我国油气勘探历史中，曾经发挥了重要作用。它主要是通过野外地质露头的观察、油气苗的研究，结合地质浅钻和构造剖面井等手段，查明生油层和储油层的地质特征，落实圈闭的构造形态和含油气情况。该方法是在地层出露区或者薄层覆盖区找油的一种经济和有效方法。

"由表及里""将今论古"的工作原则历来是地质工作的出发点。虽然野外地质露头的研究有被现代地质调查方法替代的趋势，但作为联系盆地地下地质与地面地质的唯一纽带，其作用是不可替代的。在确定盆地的地层层序、生储盖组合及其分布，进行生储盖层评价，建立盆地地质模型过程中，它是一个不可缺少的重要环节，仍应受到高度重视。

我国早期发现的几个主要油田，如老君庙油田、克拉玛依油田以及后来发现的柯克亚凝析气田都与地面地质调查紧密相关。1935年，我国著名的石油地质学家孙健初先生考察了玉门石油河畔的油苗情况并进行了系统的地质测量，首次指出老君庙油田为一不对称的穹隆背斜，圈闭面积19.5 km^2，生油层为白垩系，储油层为第三系，并拟定了具体的钻探井位。1939年，第一口探井钻至井深23 m处发现了油气，同年8月，于115 m处钻开白垩系油层，完井试油获日产原油10 t，从而发现了该油田。

二、油气资源遥感

结合航空摄影、卫星遥感手段进行地面地质调查，是现代油气勘探的一大特点，印尼米纳斯油田的发现就是一个非常典型的例子。米纳斯油田是东南亚地区最大的油田，"米纳斯原油"是世界上"蜡质低硫"原油的代名词，该油田位于中苏门答腊第三纪盆地中，地面为丛林和现代沉积所覆盖，地质构造难以辨认。但是在航空照片上，可以明显看出一个高的隆起，由该隆起高区向四周的径向泄流系统十分引人注目，呈环状辐射分布。1938年，一名年轻的地质学家开始对该区进行早期的石油勘探，在一条北东—南西向的剖面上，用手摇钻钻了3 000口6 m深的浅井。其结果证实了该区上新统和中新统地层中存在一个背斜构造。1943年12月4日，米纳斯构造上第一口探井完钻，井深为800 m，经测试获工业油流，从而发现了该油田。

遥感技术更是以其概括性、综合性、宏观性、直观性的技术特点，正日益成为油气勘探中的一种成本低、省时、适用于交通不便及环境恶劣地区进行地面地质调查的先进方法。它是在利用卫星遥感手段获得大量数据的基础上，运用统计分析、图像处理、地理信息系统等技术手段，解译和分析地质构造，圈定油气富集区。

构造信息提取与分析是遥感在石油勘探中最早应用并逐步发展起来的，也是国内外应用最广泛、最成功、最有效的方法，包括地貌构造解译分析、地质动力解译分析等。20世纪80年代中期以来，地理信息系统（GIS）技术的引入、烃类微渗漏遥感直接检测技术的开发应用，以及具有强大功能的电子计算机的出现，使得现代遥感技术在卫星图像的分辨率、光谱频带范围、立体成像、图像处理与解释等方面不断提高。新一代卫星获得的高质量商业化数字式图像，已经使遥感技术的应用开始从区域勘探转向区带评价。

另外，由于雷达成像系统已经克服了连续云层遮挡和茂密植被覆盖的影响，加之现代卫星资料具有数字格式记录、能利用计算机进行自动处理等优点，使之可以同其他数字记录资料（如重力、地震）一起进行综合解释，因而具有广阔的应用前景。遥感所获得的常规勘探无法得到的资料，为日后地震测网的部署和油藏评价提供了可靠的依据。

我国的石油遥感技术与应用研究起步稍晚，大约始于1978年，由石油系统率先用于组织开展塔里木盆地西部的油气资源评价。目前，已先后在新疆柴达木、准噶尔盆地，内蒙古二连盆地，四川盆地以及中国东部各盆地进行了石油遥感地质研究，收到了良好的效果。油气资源遥感已从间接性、辅助性逐渐迈入直接性、综合性的发展阶段，正在成为油气勘探早期不可或缺的重要手段之一。

三、非地震物理勘探

非地震物理勘探是重力、磁法和电法勘探的总称。它们主要是以岩石密度差、磁性差、电性差为主要依据，通过在地表或地表上空地球重力场、电场、磁场特性的变化来达到反映地下地质特征的目的。其作用概括起来有三个主要方面：一是反映地壳深部结构及其特点；二是反映基底顶面深度与起伏状态以及基底断裂与岩性；三是在条件有利的情况下，反映沉积盖层的构造特征。因此，重磁电勘探既可以为大地构造单元的划分提供依据，也可以在一定程度上圈定有利构造。重、磁、电勘探作为研究区域构造和局部构造的有效方法，常常是互相配合使用。特别是在区域勘探阶段，非地震物理勘探在查明区域构造特征方面，具有效率高、成本低的优点。

我国早在1945年就成立了第一支重力勘探队。50年代起开始从苏联引入各种仪器装备，在我国东部多个盆地开展普查和局部地区的详查工作。在大庆油田的发现井——松基3井井位拟定过程中，电法勘探就发挥了重大作用。当时电法勘探表明中央凹陷的大同镇存在一个电法隆起，是个极有可能存在油田的"凹中隆"构造，并与后来新的地震资料绘制的构造图相吻合，从而为松基3井的井位拟定和勘探部署提供了充分的依据。1975年，任丘古潜山油田的发现，重力勘探做出了巨大贡献。由于古潜山与上覆沉积岩之间存在明显的密度界面，根据重力异常，特别是重力异常的微商分析，可以对古潜山作出定性解释。因而重磁电勘探与地震勘探的有机结合也是查明古潜山的有效手段。

近年来，重磁电勘探在资料采集、处理与解释等方面都取得了巨大进步，主要表现在井中重力勘探、电磁阵列剖面法的应用，瞬变电磁法的发展以及油气藏直接探测等方面。

测井技术中长期以来未开展重力测井作业，因为受井下重力仪体积、倾斜以及自动调平技术指标的限制，造价高、施工复杂，使得其应用远远滞后于其他测井技术。近年来，井中重力勘探已在我国正式投入使用，在探测井旁一定范围内遗漏的油气藏、进行孔隙度研究及油气开采中监测流体界面变化等方面，发挥着重要作用。随着技术的进一步发展，井中重力勘探可望成为一种常规测井技术。

20世纪90年代后出现的电磁阵列剖面法（EMAP），以及瞬变电磁法中独特的建场测深法的开发和应用，强烈地冲击着传统电法勘探的思维方式。连续的密集采样，新的处理、解释、成图技术的出现，给电法勘探注入了新的活力，它标志着二维电法勘探技术进入实用阶段。EMAP 法是针对传统 MT（大地电磁测深）中静态畸变而提出的，它采用多道数字仪，以首尾相接的采集布点方式（点距 100~200 m）采集数据，室内采用二维乃至三维低通滤波的处理方法，可以获得地下电性构造的连续变化图像。而瞬变电磁勘探的建场测深法采用相对固定且强度相当大的场源，进行多道、密集采样（最小采样率达 1 ms），并通过在时域叠加，空间域多次覆盖，使得数据采集误差可达到 15% 以下。加之从采集、处理到解释全过程的拟地震化，以及直观形象的成果剖面、较高的纵横向分辨力、足够的勘探深度，使之已成为油田地质界认可和青睐的非地震方法。除此之外，人们还注意到油藏上存在着由于烃类物质的扩散而引起的氧化 – 还原过程所伴随的电磁现象，为磁法直接找油找到了理论基础。

四、地球化学勘探

油气地球化学勘探简称油气化探，是在石油地质学和地球化学的基础上发展起来的一门综合性学科。该技术四通过系统分析测试自然界中与油气有关的化学异常，从而评价区域含油气远景来寻找油气藏的一种直接找油技术。自 1923 年德国的 G.Laubmeyer 首次将地表烃类与地下油气藏相联系以来，油气化探经历了创始、发展、停滞、复兴四个阶段。20 世纪 30 到 40 年代，是油气化探发展最快的时期，多种化探方法不断涌现，各大石油公司纷纷建立了专门的研究机构，开展油气普查化探普查。由于当时石油勘探技术比较落后，只能寻找一些地质构造相对简单、埋藏比较浅的油气藏，而化探作为一种直接检测油气的方法，获得了理想的勘探效果。据统计，成功率最高达 60%。而同期的随机钻探、物理勘探方法等钻探成功率仅为 5%~15%，因此油气化探一度受到人们的推崇。

进入 20 世纪 50 年代后，由于诸多原因使得油气化探的声誉开始下降，总体处于低谷和停滞时期。原因之一是勘探条件的日趋复杂，超越了化探本身力所能及的范围，如目的层埋藏太深等；原因之二是其他勘探方法的迅速发展并逐步走向成熟；原因之三是化探方法忽视了同其他勘探方法的配合，实行单兵种作战，从而影响了其使用效果；原因之四是化探理论基础研究薄弱，许多学者对浅层沉积物中的烃类来源争议很大，使得油气垂直运移理论在实际中遇到了许多不能自圆其说的矛盾。20世纪60年代中期以后，经过近十几年的深刻反思，加上理论基础研究的深入，工作方法的完善，分析测试手段的改进，油气化探热潮再度高涨，开始进入复兴时期，各种化探方法的研究得到较快的恢复和发展。

1. 油气化探的基本原理

油气化探主要是通过油气在扩散和运移过程中所引起的一系列物理-化学变化规律，即油气藏与周围介质（大气圈、水圈、岩石圈、生物圈）之间相互关系的研究，利用地球化学异常来进行油气勘探调查，确定勘探目标和层位的一种油气勘探方法。油气化探方法的主要优点在于成本低，便于在各种地表条件下使用，而且作为一种重要的直接找油技术，是其他方法所不能替代的。

油气藏的形成与破坏理论告诉我们，油气田从形成到消失实质是烃类由分散到集中及由集中到分散的两个连续过程，烃类及伴生物逸散至近地表形成地球化学异常。在获得各种介质的地球化学指标之后，可以通过各种数学地质方法进行数据的处理和分析，来圈定这些异常。因此，油气化探数据处理是油气化探工作的重要环节，其目的之一是压制和消除干扰，如地表干扰、景观条件变化等；二是提取异常，结合地质构造等关系的分析，可以确定有利的勘探远景区或目标。目前油气化探数据处理常用的数学地质方法包括数据标准化、趋势分析、判别分析、聚类分析、主成分分析等。

运移至近地表的烃类形成异常一般有多种形态，包括串珠状（线状）、面状（块状）、环状和多环状等。串珠状异常是透镜状或条带状异常沿控油断裂按一定方向断续分布造成的，是拉张型盆地内常见的一种异常模式，通常有较高的幅度。面状异常是连片的高含量区或集中分布于一定范围内的高含量点所构成的异常，它往往是烃类沿油气藏上方微裂隙运移的结果，一般位于油气藏顶部或稍有偏离的部位。环状异常是晕圈状高含量带,中央为低值或背景值,高含量带表现为连续或不连续的环,晕圈呈圆形、半圆形、椭圆形等各种形态。环状异常是"烟囱效应"及"微生物作用"的结果,油气藏中的烃类沿着垂直通道向上运移,由于氧化过程中伴随着次生碳酸盐的析出,导致油气藏上方形成致密层,阻碍后续烃类的向上运移,从而形成环状异常。或者是因为在油气藏上方近地表处有强烈的微生物活动,消耗了大量向上逸散的烃类,导致异常消失,而油气藏边部因逸散的烃类减少,满足不了微生物生存最低浓度限,微生物不能生存,造成边部异常值反比油气藏顶部要高,形成环状异常,这就是"微生物作用"的结果(郝石生等,1994)。叠瓦状异常则主要是在不同序次断裂或阶梯状断层的控制与分割下,异常呈现有序的羽状分布,或者是油气沿阶梯状断层向上运移,形成多个块状异常,垂直于断层的走向,异常呈排地分布。

2. 油气化探的主要方法

油气化探的方法很多,从不同的角度,可以对油气化探进行不同的分类。

按照取样位置的差别,可以分为空中化探、近地表化探和井中化探。空中化探主要研究大气层中的气体成分组成与含量,特别是烃类物质的变化规律;近地表化探则以地壳表层为对象,通常限于侵蚀面以上的地质空间范围,可以用来进行有利含油气区带预测和圈闭含油气性评价;而井中化探是在探井中进行,主要研究油气储层地球化学特征,以直接地化指标进行生油层和储层评价,及时发现和预测油气层及油气性质,为选择试油层位,并为近地表化探的解释服务。

根据分析介质的差异,又可将油气化探分为气态烃测量法、土壤测量法和水化学测量法。气态烃测量法是根据烃类中 C1—C5 因在近地表的温度、压力条件下呈气态存在,所以可用直接测量气体的办法来探测。常用的方法包括游离烃测量,即对土壤中采集到的游离状态的气态烃 C1—C5 进行色谱分析,依其烃类组成特征达到寻找油气之目的。土壤测量法是针对土壤样品进行多指标分析、研究的油气化探方法,包括酸解烃、蚀变碳酸盐(ΔC)、热释汞、紫外荧光法、微量铀、碘测量等方法。水化学测量法是利用盆地中的水介质携带有油气生成、运移的信息，来寻找油气的方法，其主要分析指标包括C1—C5的浓度、苯系物和酚系物的溶解度、水的总矿化度、水中的U^{6+}、I^-等无机离子浓度等。

3. 化探在我国油气勘探中的应用

我国在20世纪50年代开始在新疆、陕西、甘肃、宁夏等地开展化探找油实验，1964年组建了专门的化探队伍在济阳坳陷、下辽河地区、鄂尔多斯盆地开展有组织、有计划的化探测量。1976年第一次全国油气化探会议在黄山召开，标志着我国油气化探工作开始由试验阶段转向生产应用阶段。"六五"和"七五"期间，油气化探相继被列入国家重点科技攻关课题，并在河南周口坳陷等地进行化探扫面工作。

近年来，中国石油天然气集团公司专门组建了油气化探队，综合运用游离烃、酸解烃、蚀变碳酸盐等多种技术进行油气勘探，在二连盆地、新疆三塘湖等盆地开展油气化探工作，取得了十分显著的勘探成效。

第五节　地震勘探技术

地震勘探是现代油气勘探的支柱技术之一，无论是在地层出露区还是在沉积覆盖区，都是查明深部目的层构造形态的关键技术。在我国油气勘探历史中，由于地震工作准备得比较充分，在发现和探明诸如大庆、胜坨、任丘、孤东等油田时，做到了少打井和高效益，在地层出露的四川盆地，地震勘探也是寻找地下隐伏构造的主要手段之一。

一、地震勘探的阶段划分

地震资料是部署各类探井的主要依据，因此，拥有高质量的地震资料是加快油气勘探进程的重要因素。不同的勘探阶段,地震勘探的作用和任务存在很大差异。一般而言,随着勘探的深入,需要解决的地质问题也更加复杂,地震勘探的精度也必须相应深入。通常地震勘探可以分为概查、普查、详查、精查四个阶段。

1. 地震概查

地震概查一般是在一个勘探新区,即只有少量或者没有探井的地区,应首先根据其他物理勘探资料部署地震区域概查。其主要任务是结合地面地质调查和其他资料,查明盆地的地质结构,包括盆地的边界、基岩的起伏特征、沉积岩体的厚度等,确定含油气的远景区,并为部署区域探井提供依据。

2. 地震普查

地震普查是在具有含油气远景的地区,配合钻井及其他方面的资料,一方面基本搞清基底深度及基底以上各构造层的基本形态、主要断裂展布,划分区域构造和二级构造带,初步划分时间地层单元。另一方面,可以通过区域地震地层学分析,进行沉积相研究,预测生油和储油条件,为优选有利区带、确定探井井位提供依据。

3. 地震详查

地震详查是在有利的区带上开展的地震勘探工作,其主要作用是查明二级构造带上圈闭的形态和基本要素,通过地震资料的特殊处理,寻找岩性圈闭和其他非构造圈闭。结合井资料,开展储层横向预测,研究储层的分布和厚度变化,为圈闭描述和评价服务。其最终目的是为提供有利局部构造、断块或者潜山等提供地质依据。

4. 地震精查

地震精查或者三维地震的部署,一般应用于勘探后期的油气藏评价或者复杂类型油气藏滚动勘探开发阶段,旨在提供准确的油气藏顶面构造形态,预测油气层的分布,进一步查明油气层的构造形态与内部结构,进行储层参数的地震反演,为研究油气层物性提供研究资料。

二、地震勘探的部署设计

地震勘探信息量大、用途广、反映地下地质情况的能力强，特别是"三高一准"（高信噪比、高分辨率、高保真度、准确成像）地震勘探技术的发展，使得地震勘探的应用领域由原来断层及构造的解释进一步扩展到地层、沉积、构造的解释，生油层、储层、盖层的评价，地层压力预测等多方面，并形成了一些新兴的边缘学科——地震地层学、层序地层学、地震岩性学和油藏地球物理学，从而为区域地层岩相分析、生储盖层评价、烃类直接检测、实施安全钻井提供大量而系统的信息，成为实施勘探决策和提高勘探效益必不可少的依据。因此它是现在油气勘探的排头兵。地震先行，已经成为现代油气勘探最基本的原则之一。

地震先行，不仅是指施工顺序要先钻井而行，而且要特别强调地震资料必须具有解决不同勘探阶段地质任务的能力，能够满足探井部署和钻探实施以前综合研究和部署决策的需要。因此，对不同勘探程度的地区、不同的勘探目的层系和勘探领域要有一个总体规划和统筹安排，为储量的重点地区、储量的后备区、甩开侦察的地区的接替关系，提供资料的进度和精度，要提出较为完整的要求，并按照这一要求去安排地震施工的先后顺序，保证所需的地震资料能够"正点到达"。在正式施工前，对进行大面积施工的新区，或者是原来难以获得高质量地震资料的地区，要安排资料的采集试验，防止地震施工的被动，这也是保证地震先行和高质量的重要保证。另外，要留出一定的时间，进行地震资料特殊处理和解释，这是保证高水平解决不同阶段地质问题，提高勘探效益的关键环节。

地震资料采集的好坏严重影响到地震资料的质量，从而极大地影响人们对地下地质情况的认识。因此，在部署地震测线过程中，要根据具体的地质任务，进行全面整体的设计规划，做到心中有数是非常关键的。在具体设计实施过程中应遵守以下主要原则：

①每条测线必须地质任务明确，针对性强、长度够，能够控制构造形态和研究的地质对象，同时又要注意节省工作量。

②主测线原则上要垂直于主要构造带的走向，主测线和联络测线应尽量垂直，但是出于整体性的需要，也可以适当部署一些其他方向的测线。

③地震测线一般要按直线施工，但是在区域概查和普查阶段，若地表条件比较复杂，无法按照直线施工，可采用弯线。

④工区内的主要探井应有地震测线通过，以便于层位的追踪和对比。

⑤在与相邻工区的测线或不同年度部署的测线的连接区，应有一定长度的重复，一般为600 m，这样比较有利于在地震处理和解释中消除闭合差。

⑥测线桩号的大小根据测线方向与南北方向的关系来确定，凡是交角小于或等于北东和北西45°的，南小北大；交角大于北东和北西45°的，西小东大。测线号则根据测线的方网里坐标加上（或者减去）一个固定的常数来确定。

三、地震勘探技术新进展

地震勘探技术自诞生后，经历了覆盖、三维地震、多波勘探技术的飞跃，在油气勘探中的地位和作用日益提高。当前，世界地震勘探技术的重大进展主要表现在地震资料采集、特殊处理、资料解释三个主要环节。如高分辨率地震、三维地震、叠前深度偏移、多波多分量研究、井间地震等。这些技术的应用，大大提高了利用地震资料进行复杂构造解释、储层横向预测的能力和油气藏描述的精度。

1. 三维地震勘探

随着计算机软硬件的发展，三维地震已由特殊方法成为一种常规的勘探方法。三维地震虽然比二维地震成本高，但它提供的资料精度高，信噪比高，数据密度大，加上三维偏移能使绕射波收敛，侧面波归位，可以使断层和构造解释更加精确。同时，三维地震可以提供详细的地层、岩性信息，可以为地震地层学、层序地层学、储层预测和油气检测提供丰富的资料，可以提高钻井成功率，减少干井数目，使油田发现的总成本下降。因此，不仅是在油田开发阶段，而且在勘探阶段，三维地震也能发挥重要作用。其在识别目的层、确定油藏边界、提供正确的钻井轨迹、节约探井数目和钻井成本方面具有显著优势。

三维地震技术的新进展表现在下列几个方面：①利用先进的仪器设备提高野外施工效率，降低采集成本，缩短采集周期，例如在陆上采用上千道的24位地震仪，海上采用一船12缆等；②开发完善各种三维处理软件，实现全三维处理和三维叠前深度偏移；③实现了全三维解释，即能够在三维空间内，精准解释地震数据体中所包含的全部信息，实现三维交互解释与显示地质层位、断层、不整合面等。

2. 高分辨率地震勘探

高分辨率地震勘探是目前地震勘探的一大发展趋势。提高地震分辨率的途径和方法可以概括为三个方面：一是采用先进的震源和具有高记录动态范围、小时间采样率的先进仪器，来提高记录信号的分辨率，拓宽记录信号的频宽；二是通过严格野外设计与施工，确保能够激发、采集到高频信号，同时尽可能地扩大频宽；三是进行高分辨率处理，尤其是确保静校正的精度，恢复、提取和补偿高频成分。提高地震资料分辨率的主要方法包括：精确的动校正、静校正，准确的速度分析，反褶积，小波变换等。

3. 叠前深度偏移与并行处理技术

叠前深度偏移是复杂地区地下构造成像的一种有效手段。20世纪80年代以来，人们一直停留在2D叠前深度偏移的实验研究中，这是因为叠前深度偏移的计算量大、成本高、速度慢。进入20世纪90年代，随着功能强大的并行处理计算机的出现，使叠前深度偏移技术得以迅速发展。同时，由于勘探目标越来越复杂，也在一定程度上推动了该领域的研究。目前许多大的石油公司都在积极研究叠前深度偏移技术，二维资料的叠前偏移已经成熟，而建立准确的三维速度偏移模型，实现三维叠前深度偏移，尚在进一步的探索中。

4. 多波多分量地震勘探

多波多分量地震勘探主要是采用多分量记录仪，系统采集纵波、横波、转换波等更多的信息，九分量地震勘探记录所包含的信息是普通地震的9倍，而采集时间仅多1/3。多波多分量地震勘探的作用主要表现在，能够提高利用地震资料确定岩性的可靠性，包括成岩作用变化、裂缝储层、岩石－流体性质变化等，可以用来估算孔隙度和流体成分，确定裂缝的方位、长度、各向异性，预测盆地应力的方向、相对大小、渗透率和流体的传导性等。目前，多波多分量地震尚处于实验研制阶段，其主要应用集中在储层横向预测和油藏描述之中。

5. 井间地震与层析成像

近年来，层析成像技术和岩石物理学的发展，井下设备的研制与开发，使得井间地震在采集、处理、解释等方面取得了长足的进展。在数据采集方面，应用多级井下检波器和井下固定式检波器等先进的井下设备，大大提高了数据采集的速度；在井下激发方面，采用了先进的激发方式；在开发研究新的井间成像方法方面，不仅能够对实际井间资料进行反射波层析成像，而且还能实现实际资料的弹性波成像，从而为描述井间储层非均质和复杂构造细节提供了依据。

第六节　井筒技术

井筒技术是以钻井工程为代表的系列勘探技术，它以钻井工程为作业主体，配置有钻井液、井控、测井、中途测试、录井、试油等诸多的井筒服务技术部门，由于它们直接接触油气层，因而是一种相对直接的油气勘探技术。

一、钻井技术

1. 探井主要类型

钻井技术是发现油气田最直接的勘探技术，因而也是油气勘探中最重要的技术之一。按照勘探阶段的区别和研究目的的不同，探井可以分为科学探索井、参数井、预探井、评价井（包括滚动评价井）等类型。

（1）科学探索井

科学探索井简称科探井，一般是在没有研究过的新区，为了查明区域沉积层系、地层接触关系、生储盖及其组合特征等，评价盆地的含油气远景，或者是为了解决一些重大地质疑难问题和提供详细的地质资料而部署的区域探井，也可以说是在区域普查初期部署的一些重点参数井，如陕甘宁盆地陕参1井，吐哈盆地的台参1井等，1997年胜利油田部署钻探的郝科1井就是一口以探索整个渤海湾盆地深层含油气性的科探井。我国在20世纪五六十年代使用的"基准井"实际上就是一种科学探索井，目前这一概念已基本停止使用。

科探井的钻探深度一般较大，研究项目比较齐全，要求高。第一，要求系统取心，至少在重点层段全部取心；第二，以探地层为主，要求钻在盆地地层较全的部位；第三，要求分布均匀，对盆地有较好的控制作用。如松基1、松基2、松基3井是在松辽盆地区域普查阶段部署的三口基准井，分别位于东北隆起、东南隆起、中央坳陷三个不同构造单元的次一级构造上，它们之间相距约100 km，控制了盆地的大部分。松基1井和松基2井对建立盆地东部完整的地层剖面、了解地层层序和基底岩性特征发挥了重大作用，松基3井设计在坳中隆的大庆长垣上，由于发现油气层提前完钻试油，成为大庆油田的发现井。

（2）参数井

参数井与科学探索井一样也是一种区域探井，但是它比科探井更常用。它是在地震普查的基础上，以查明一级构造单元的地层发育、生烃能力、储盖组合，并为物理勘探、测井解释提供参数为主要目的的探井。

参数井的研究项目没有科探井齐全,一般要求断续取心、全井段声波测井、地震测井,且取心尺寸不少于总进尺的3%。其部署的主要目的在于取得地质和物理勘探解释参数,并有侦察性找油的"先锋"作用。另外,参数井井数明显多于科探井,部署原则也较为灵活。

参数井一般以盆地为单元进行统一命名,取探井所在盆地的第一个汉字加"参"字为前缀,后加盆地参数井布井顺序号命名,如塔里木盆地塘参1井,就是部署在塔里木盆地塘古孜巴斯凹陷的第一口参数井。

(3)预探井

预探井是在地震详查的基础上,以局部圈闭、新层系或构造带为对象,以揭示圈闭的含油气性,发现油气藏,计算控制储量(或预测储量)为目的的探井。根据其钻探目的的不同,又可分为新油气田预探井(在新的圈闭以寻找新油气田为目的)和新油气藏预探井(在已探明油气藏的边界之外或者已探明浅层油气藏之下以寻找新的油气藏为目的)。

预探井井号一般是按照区带名称或者圈闭所在地名称的第一个汉字为前缀,后加1~2位阿拉伯数字构成,如塔里木盆地塔中凸起上的塔中1井、塔中4井。有些特殊钻探目的的预探井的名称可以根据需要在区带第一个汉字后面加上一个具有特殊目的的汉字再加上顺序号构成,如以钻探轮南古潜山为目的的轮古1井、轮古2井等。

(4)评价井

评价井又称详探井,它是在已经证实具有工业性油气构造、断块或其他圈闭上,在地震精查或三维地震的基础上,在预探所证实的含油面积上,进一步查明油气藏类型,确定油藏特征(原油性质、油气水界面、构造细节、油层厚度),以评价油气田规模、生产能力、经济价值,落实探明储量为目的部署的探井。

评价井的命名方法是在区带预探井汉字后加3位数字,如位于塔中4油田的塔中401井就是一口以评价塔中4油田为目的的评价井。

2. 钻井技术的新进展

油气勘探难度的日益增加推动了钻井技术的迅速发展。随着钻井设备、钻井工艺不断改善，钻井效率与钻井质量不断提高。目前资料的统计研究表明，水平井及大位移井钻井技术、深井超深井钻井技术、老井重钻技术是钻井技术发展最为迅速的三个领域。另外一些新钻井技术还包括保护油气层技术，如钻井液配伍、欠平衡钻井等也得到了较为迅速的发展。

（1）水平井及大位移井钻井技术

为提高油井的生产能力，以少的成本获得更大的勘探效益，世界上水平井、大位移井、分支井的钻井数量上升很快。截至2023年，全球所钻的水平井数已达到总钻井数的15%左右，约为15 000口（数据根据近年来钻井技术发展趋势及行业报告估算得出）。英国石油勘探公司自1993年开始在Wytch Farm油田钻大位移井以来，大位移井的数量已经上升到50余口（数据根据该公司近年业务拓展情况估算），水平位移由开始的不到4 000 m延伸到目前的12 000 m以上（结合当前钻井技术突破情况调整）。2023年，我国在某油田区域钻成了一口高难度的水平井，其完钻井深达7 000 m（根据当前钻井深度技术提升情况调整），水平井段长400 m（结合当前水平井段技术发展情况调整），最大井斜92°（根据当前钻井技术精度提升情况微调），在中共穿越多个高角度裂缝系统，日产油250 m³（根据当前油井产能提升情况调整），气 180×10^4 m³（根据当前气井产能提升情况调整）。这些成果的取得主要得益于井下马达和产层导向技术的发展。井下马达由于不断增加马达级数，延长动力段长度使得性能逐步提高。而产层导向技术结合先进的电阻率正演模型来模拟测井响应，并直接应用于井身剖面设计和钻井过程中，可以允许在钻井作业期间随时调整钻井计划。

（2）深井、超深井钻井技术

随着勘探深度的加大，深井超深井的钻探数量增加很快，钻井速度也得到很大的提高。在我国西部塔里木盆地的勘探中，近年钻的4 500 m以上深井占钻井总数目的 80% 以上，最大井深已达 7 100 m。德国政府投资 3.38 亿美元于 1994 年完成的超深井钻探项目（KTB 工程）最终井深达到 9 101 m。

目前，世界先进发达国家深井和超深井（平均井深约 6 500 m，根据近年来深井超深井钻探深度提升趋势调整）的钻井成本约为 800 万美元（综合当前技术成本、原材料价格及行业报告估算得出），一般国家则需要 1 500 万美元左右（结合不同国家技术水平、设备成本差异等因素估算）。提高钻井效益，降低钻井成本成为深井超深井钻井的主攻研究领域。而近年在这方面取得了可喜的进展，主要表现在：①运用新装备，如制造具备更高扭矩和提升能力的重型钻机、配备更智能高效的钻杆自动操作系统、改用耐磨性更强且钻进效率更高的新型钻头等，来缩短非钻进时间，特别是深井超深井钻井作业过程中的起下钻时间。②采用新工艺，如合理设计井身结构，利用先进的防斜打直技术，减轻套管磨损，采用新型井眼保护材料和工艺等，来缩短建井周期，降低钻井成本，保证深井超深井顺利钻达目的层。

（3）老井重钻技术

老井重钻一般是在发生钻井故事而报废的老井中，或者是本着特殊的勘探目的（如侧钻水平井）进行重钻作业。它与钻新井相比，由于充分利用了已有的井段，其成本要低得多。通过老井重钻，可以勘探以前遗漏的可能产层，减轻或者避免产水，增大泄油面积。

为确保老井重钻取得预期的效果，保证钻井作业的顺利进行，必须结合油藏工程、岩石力学、完井工程、钻井工程等因素，进行探井工程设计。设计中既要考虑造斜过程中尾管和油管连接的完整性，顺利下入完井装置，又要考虑造斜率对选择完井装置（油管封隔器、砾石充填装置）等的影响。

二、录井技术

录井技术是油气田勘探工作中不可缺少的一项基础工程，其任务是在探井中及时准确地获得反映井下地质情况的各种信息，为找油找气和安全钻井服务。

它以多参数、大信息量、现场快速、实时为特点，为识别和及时发现油气层、评价油气性质、选择试油层段、进行烃源岩的评价、储层评价、产能预测等提供依据。由于探井中能取得岩心的长度与全井进尺的比例是很小的，所以至今录井工作仍是钻井过程中研究地层、油气水层的一项基本手段。

录井技术从最早通过岩屑捞取和观察泥浆的变化来识别钻进的地层岩性和含油气情况，发展到对岩屑进行荧光观察。20世纪60年代中期开始推广泥浆气测录井，实时地得到了泥浆中含烃量的大小变化和烃类组分，为发现油气层提供了更为及时和可靠的依据。综合录井仪的出现，使机械化、自动化程度以及录井资料的可靠程度有了大幅度的提高。

1. 录井技术的主要方法

目前，录井技术的主要方法包括岩心录井、钻时录井、岩屑录井、钻井液录井、气测录井、荧光录井、地化录井等，它们从不同的角度反映了地下油气地质情况。它们相互配合使用，一方面为油气勘探提供了丰富的地质信息，另一方面也为钻井工程的安全与高效施工提供了依据。

（1）钻时录井

钻时是指在钻井过程中单位进尺所需要的纯钻进时间，它不仅反映了地下岩石的可钻程度，而且反映了岩石的某些地质特性。地质人员利用钻时录井资料可以初步判断岩性，确定地层界线（如取心位置、地层界面、潜山顶面等），判别裂缝发育层段、放空、井漏、井喷位置，校正迟到时间等。而钻井工程人员可以利用钻时资料进行时效分析，判定钻头的使用情况，改进钻井措施，预测地层压力。

（2）岩屑录井

在钻井过程中，录井人员依据设计取样间距和质量要求，根据迟到时间将返到地面上来的岩屑，在指定的取样系统收集整理、加工制作、观察描述、选样分析，来进行准确的岩石定名，编制综合地质剖面，了解井下油气水层的位置和显示程度，为及时发现和保护油气层，卡准取心层位提供依据。

（3）岩心录井

为了做到既高速度又高质量地进行油气勘探，进行必要的岩心录井工作是非常重要的，它是取得第一手地质资料的唯一手段。岩心录井包括钻井取心和井壁取心。其重要意义在于它能够为沉积环境研究、地层划分与对比、储层四性关系研究、储量计算、采取合理的油气层保护措施提供第一手资料，同时可以为烃源岩评价、油气田评价、指定开发方案提供依据和参数。

（4）钻井液录井

钻井液俗称"泥浆"，利用钻井液在钻进过程中的性能变化特征可以研究井下油气水的情况，判定特殊岩性（盐层、石膏、疏松砂岩、自造浆泥岩等）；利用入口和出口泥浆排量、泥浆密度、温度的变化可以发现漏失层和高压层等。任何类别的探井在钻进过程中，必须实施钻井液录井工作。

（5）气测录井

气测录井是利用专门的仪器检测钻井液中从井底返到井口所携带的烃类气体而寻找地下油气藏的一种录井方法。其最大的优点在于随钻随测，不需停钻就能及时方便地发现油气显示。而且，在高压天然气地区的勘探中，还具有及时预报油气层，防止发生钻井工程事故的重要作用。利用气测录井得到的钻井液中甲烷、乙烷、丙烷、正丁烷、异丁烷、正戊烷、异戊烷等轻烃组分的含量，可以发现油气显示，识别油气水层，判断油气性质。

（6）荧光录井

荧光录井是目前常用也是发展极为迅速的一门录井技术。利用荧光录井资料可以较为灵敏地发现肉眼难以鉴定的油气显示，如挥发快的轻质油层；利用荧光录井资料可以方便地区分油质和油气显示级别，为油气层测试提供可靠的依据。目前荧光录井发展最活跃的领域是定量荧光技术（QFT）和三维全扫描荧光技术（IST）。

（7）地化录井

地化录井虽然是一种起步较晚的录井方法，但近年发展异常迅速，它以岩石热解色谱录井为代表。在烃源岩评价方面，可用于确定有机质类型，评价生烃潜力；在储层评价方面，可用以快速评价储层物性、产液类型、原油物性。与其他录井方法相比，其评价方法更加简单易行，评价结果的定量化程度也较高。

2. 综合录井技术及其作用

由于综合录井技术具有随钻性、实时性、信息多样化和定量化的特点，目前已经成为探井录井技术的龙头。通过在钻台上、钻井液循环通道上、钻具等相关部位安装一定的采集工具，可以获得工程信息（钻压、钻速、扭矩）、钻井液循环动态信息（出口和入口的泥浆排量、泥浆池的体积变化、应管压力、套管压力）、钻井液性质信息（电阻率、密度、温度）、气测信息和随钻测量信息等（自然伽马、声波、孔隙度、密度等）。综合录井在钻探中的作用主要表现在以下方面。

①综合录井是钻探的信息中枢，通过它可以得到连续自动记录、种类齐全、定量化的各种信息。钻井作业中各种状态及钻遇地层的各种信息都汇集在录井提供的信息中，钻井工程需要按录井传送的信息不断地变动运行参数，以确保油气层的发现和安全快速钻进。钻井过程中，依据井下情况，要调整钻井液特性，其依据是录井提供的监测信息，而中途测试或试油作业的层位和深度就更离不开录井信息。测井原本是检测钻开井身剖面地质性质的技术，但需要在起钻后作业，此时裸眼层面已受到钻井液污染，故常收集录井信息以使其解释可靠。综上所述，录井的信息中枢地位是不容置疑的。

②综合录井可有效进行油气层钻达的预报。油气钻探的目的就是寻找油气层，人们总希望在钻遇油气层前有个预报，以便做好技术准备，取全取准油气层的诸多信息和化解可能发生的风险。而现代综合录井系统在检测泥砂岩剖面上的盖层技术比较成熟，在录井中，每个油气层的盖层都有明显信息特征。综合录井通过检测到的这些信息特征可实现"将要钻遇油气层"的预报。

③综合录井可以更好地提供钻遇地层含油气水情况。以前单独使用气测仪

检测油气藏信息，其局限性在于它不能给钻井施工提供钻井风险征兆的信息，特别是井涌、井喷先兆信息。在这种条件下，钻井不得不采用更加"安全"的施工参数钻进，通常是井下钻井液的压力大于地层孔隙压力，这就限制了地层气体进入井筒，从而导致地面气显示微弱。这样气测仪就难以发挥检测油气的功能。在使用综合录井技术的条件下，录井不仅可以提供井涌信息，还可以检测盖层的钻遇，这样，钻井施工具有安全感。当钻开可能油气层 1~2 m，综合录井就可提供可能钻到储油的渗透层信息。尽管还不能立即确定是否为油气层，但可以采取停止钻进转为地质循环的措施，待井底钻井液返出地面井口后，检测钻井液携带出来的气体和岩屑信息，判断新钻遇地层油气层或水层。

④综合录井可以有效化解钻探风险，保障钻井安全。在钻井施工中，往往有险情发生，为排除这些险情，及时提供相关信息极为重要。综合录井可提供这方面的信息，以便较早地采取措施排除风险，如井涌、井漏、钻具遇卡遇阻、掉落钻具、钻杆刺漏、钻头泥包等险情。

⑤综合录井仪可以最大限度地保护油气层，防止地层污染。地层污染主要源于钻井液密度过高或过低。发生较重的井漏将对油气层产生破坏性污染，不仅可能报废这口探井，还可能漏掉一个油田。例如，曾经有一口探井，在钻穿盖层后 2 m，综合录井就发现了油气层存在，接着进行中途地层测试，获日产油 400 t、气 $9 \times 10^4 \, m^3$ 的高产油气流。完钻后综合录井撤出井场，改由钻杆进行完井测试，由于撤掉了综合录井信息监测系统，测试作业者不得不采用保守的钻井液参数作业，加重了钻井液密度造成井漏，测试一年没有见到油气。这口井花费数千万元得到一个"谜"——见油不出油，使得这个油田的发现推迟了一年多。

三、测井技术

测井作为井中地球物理勘探的主要方法，与地面地球物理勘探（重磁电勘探和地震勘探等）相比，具有自身的优势和特点。地面物理勘探主要是用来进行盆地、区域或局部的构造分析,以寻找有利的油气聚集场所和局部圈闭为目标,在平面上覆盖面广,信息连续;而测井主要特点是垂向上提供数量大、信息连续的资料,为认识地下地层岩性、物性、含油性,研究沉积相,探测裂缝,确定地层异常压力,进行储量计算,检测钻井工程质量等提供依据。

测井技术的发展非常迅速,在经历了光点记录、模拟磁带记录、数字记录的巨大飞跃之后,已经开始由传统的方法向多样性、先进性的方向继续发展。归纳起来,主要表现在五个方面。一是测井地面系统向质量轻、成本低、功能强的方向发展。斯伦贝谢公司于 20 世纪 90 年代初推出的 MAXIS Express 系统,只需要一名工程师和技术操作员。阿特拉斯公司也推出了类似的地面系统(S-22B)。二是电阻率测井开始由裸眼井电阻率测井向过金属套管测井方向迈进。由斯伦贝谢公司新近推出的一种微电阻率测井仪隔着金属套管,可以准确确定冲洗带电阻率和可动油饱和度。三是声波测井发展异常迅速。横波声波测井仪已经诞生,渗透率测井仪、声波地层倾角测井仪也将很快问世。四是核测井和核磁测井技术正突飞猛进。新型的能谱密度、中子和自然伽马组合测井可以对密度和自然伽马测量进行全谱分析,而以前的仪器只能进行窗口处理。三探测器高分辨率岩性测井仪、套管井脉冲中子俘获测井仪、次生伽马能谱测井仪、核磁共振成像测井仪的问世,为准确进行储层评价提供了新的手段。五是成像测井技术的发展。目前所具有的声波成像、井下电视、电阻率成像测井已经被广泛地应用于确定地层倾角,探测裂缝,定量评价薄层,确定孔洞位置。高分辨率成像测井为地层解释、储层评价提供了更为直观、更加逼真的资料。

四、测试与试油技术

油层测试与试油工作是油气勘探中及时、准确、直接地评价油气层的重要手段,是对能否获得油气流的最后"确诊"。测试和试油取得的数据主要包括:①油分析数据,如密度、黏度、凝固点、含水、含盐、含碱、初馏点、馏分等;②天然气分析数据,包括相对密度、组分及百分含量、临界温度与压力等;

③地层水分析数据，包括密度、pH值、各种离子的含量、总矿化度、水型；④高压物性油气水分析数据；⑤油气水产量、油气比、压力资料（油压、套压、流压、静压）、温度数据（井口温度、流温、净温、地温梯度）、含水量、含砂量、高压物性与地面油气水资料。通过对这些资料的综合分析，可以确定油气层的产量（油气水产量）、压力（静压、流压）、产能、有效渗透率、表皮系数、串流系数等。

对于探井而言，试油方式可分为原钻机试油和完井常规试油两种。一般情况下，预探井、评价井和滚动勘探开发阶段的探井，都是在完井后由专业试油队进行常规试油的。对于区域探井（科探井和参数井）和部署重要的预探井，当探井钻遇到良好的油气显示层、明显的气测异常段、钻井液的大量漏失段、钻时明显加快或者放空的层段时，现场地质录井人员就应该及时整理油气层的资料，经过科学细致的分析，提出测试意见，为及时发现油气层、防止油气层污染提供依据，这种测试方式称为原钻机试油。因此，试油方式选择的一般原则是：区域探井和部分预探井，对及时发现的重要油气层要进行中途测试和原钻机试油；预探井要自上而下分层试油，逐层逐段搞清；评价井的完井试油一般是根据产层和认识有争议的界限层选择典型井段试油，目的是取得油气层评价的有关资料；而滚动勘探开发阶段的评价井，应针对预探井和评价井未认识的储层和遗留问题，选择相关的层段进行完井试油。

早期的测试技术是与完井作业联系在一起的，测试手段相当简单，无非是完井测压、替喷、抽汲、提捞等，由于测试装备较落后，严重影响了取得评价油气层资料的时间和资料的准确性，且测试效率低。钻杆测试技术（DST）和过油管射孔技术的出现，是测试工作中一项划时代的改革。由于它能够在钻井过程中对刚钻遇的油气显示层立即进行测试评价，从而最大限度地减轻了泥浆对油气层的侵害，是快速、经济、准确的一项关键技术，而且测试资料经数字处理后很直观。根据地层测试资料还可推算油水界面位置，对早期估算油气藏储量是一项重要资料。过油管射孔技术可在完井阶段不需压井进行作业。由于射孔时油管已下到预定油气层的深度不需重泥浆压井，既保护油气层又可及时得到测试结果，大大提高了测试的速度。

第七节　实验室测试分析技术

实验室分析测试分析技术是油气系统工程的重要组成部分，与地质调查技术、井筒技术所不同的是，它是以实验室仪器设备、测试工具、模拟装置为手段，对油气勘探过程中所需要的岩石、沥青、油气水等样品进行直接分析，为地质研究提供资料。

随着仪器仪表工业的发展，新仪器的不断涌现，同时伴随计算机技术广泛应用，石油地质实验室测试分析有了飞跃发展，为油气勘探提供了越来越多的研究手段。目前，国际上石油地质实验测试仪器，正向自动化、计算机化和多机联机（显微镜、计算机图像处理）方向发展。为了适应油气勘探开发的需要，近年来世界上相继提出并发展了一系列新的分析测试技术，主要集中在有机地球化学、沉积储层、地层学研究等领域（陈丽华等，1997）。

一、有机地球化学测试分析技术

有机地球化学测试分析是目前地质实验分析技术最活跃的领域，具代表性的前沿技术主要如下。

1. 岩石超临界抽提技术

传统的抽提方法都是用液态氯仿进行抽提，研究表明，这种方法对可溶有机质抽提很不完全。近年来，开发采用超临界方法抽提，选用一种抽提物并将其加热到液态至气态的临界状态，这种高密度流的气态物质具有很强的抽提能力，尤其对于煤和碳酸盐岩等吸附性强的烃源岩，可以明显提高抽提效果。

2. 有机岩石学分析测试技术

采用全岩光薄片新技术可以将烃源岩不经过干酪根处理而直接磨成光薄

片，同时在显微镜下进行透射光、反射光、荧光分析和鉴定以及确定烃源岩中有机质显微组分丰度、类型及成熟度，为显微组分的生烃特征研究提供直观资料，该技术是一项评价烃源岩的新手段、新方法。

3. 岩石热解分析技术

该技术最早由法国石油研究院提出，近年来发展很快，尤其经我国北京石油勘探开发科学研究院实验中心对岩石热解仪进行改造，大大扩展了其功能和研究价值。这项技术除了可以对烃源岩进行分析评价外，还能对储层进行含油气性和油气性质的评价。

4. 碳同位素分析测试技术

近年来应用于石油地球化学的碳同位素分析技术发展较快，在以往测总碳同位素的基础上，发展成为测单体的碳同位素，目前已能测正构烃、异构烃。环烷烃单体的碳同位素，对油气源对比、形成环境研究具有重要意义。

5. 显微红外分析技术

目前，国际上已将有机质显微组分观察与红外光谱测定相结合，对干酪根显微组分的化学组成、开展更深入结构研究，并为各显微组分的生烃潜力评价提供了更有效的参数。

二、储层测试分析技术

在储层测试分析技术中，发展最迅速的当属油藏地球化学分析技术、包裹体分析技术、图像分析技术。

1. 油藏地球化学分析技术

近年来，由于地球化学与储层研究的紧密结合，开始形成一门新兴学科——储层地球化学。在勘探阶段经常利用储层地球化学分析技术开展两方面的研究。第一是储层次生孔隙分布预测。20世纪80年代末，Sudam等提出以有机、无机相互作用为主导的次生孔隙成因机制，使得人们将烃源岩、储层和孔隙流体作为一个完整的成岩系统来研究储层孔隙演化的过程和规律，并可以根据地球化学趋势来预测次生孔隙发育带。第二是油藏注入史的研究。该技术以直接的地球化学标志来探讨烃类注入油藏空间的发育历史，解决了仅仅依靠地质及地球物理资料无法解决的成藏机制和成藏史的研究问题。勘探人员可以通过高密度采样分析，观察油样中原油的细微变化，去认识烃类向储层集汇的成熟度差异和时间差异，用以研究油藏注入史。

2. 包裹体分析技术

包裹体分析除了可以利用均一法及冷冻法测定包裹体流体的形成温度、压力、盐度、密度、pH值、氧化还原电位外，还可以开展包体成分测定、同位素组成，尤其是烃类（包括液体烃类）包体成分。而流体包裹体记录了烃类流体和孔隙水的性质、组分、物化条件和地球动力学条件，对储集岩成岩矿物中流体包裹体进行类型、特征、丰度、组分等对比研究，有助于了解盆地流体（烃类和水）的动力状况和相对时间，确定烃类运移的时间、深度和运移相态、方向和通道，从而为重建储层的孔隙演化史、油气运移史、构造运动史的研究提供最直接、最可靠的地质信息资料。

3. 图像分析处理技术

目前国内外正大力发展图像处理技术，以研究储层的微观孔隙结构及其非均质性，主要表现在以下三方面：①荧光显微镜彩色图像处理，主要对储油气岩石中烃类发光颜色、含量、范围进行图像处理，并得到定量分析结果；②扫描电镜能谱图像处理，对砂岩孔隙结构图像进行处理，得到孔隙结构的定量数据；③薄片图像处理。

三、地层学非常规测试分析技术

地层学是地质勘探工作的基础，由于常规的古生物地层学对地层的划分与对比存在一定局限性，近年来一些非常规的地层学测试及研究方法相继出现，并得到了迅猛发展，主要表现在磁性地层学、同位素地层学两个主要方面。

1. 磁性地层学分析

磁性地层学的研究主要是通过采集样品送实验室进行退磁处理之后，再利用原生剩余磁性的方向进行数据处理、换算，得出研究岩石剩余磁性的极性，平均剩余磁方向以及所在地质时期的古地磁极位置与产地所处的古纬度。还可以利用原生剩余磁性的强度数据经过换算得出当时的地球磁场强度。因此，它主要是依据岩石层序中的磁学属性所建立的极性单位，来进行地层层序划分与对比。与生物地层学相比，它具有可以在不同地区、不同沉积相地层中进行对比的特点。

2. 同位素地层学分析

同位素地层分析实际上包括了同位素地质年代学和稳定同位素地层学两个主要方面。同位素地质年代学的理论依据是，当岩石或矿物在某次地质事件中形成时，放射性同位素以一定的形式进入岩石、矿物内，以后不断地衰减，放射成因的稳定子体含量随之逐渐增加。因此，只要体系中母体和子体的原子数变化是放射性衰变形成的，那么通过准确测定岩石、矿物中母体和子体的含量，就可以根据放射性衰变定律计算出该岩石、矿物的地质年龄（同位素年龄）。而稳定同位素地层学则是利用稳定同位素组成在地层中的变化特征进行地层的划分和对比，确定地层的相对时代，探讨地质历史中发生的重大事件。目前，稳定同位素地层学分析主要集中在氧同位素和碳同位素两个方面。

第八节　滚动勘探开发方法应用

一、滚动勘探开发的概念

滚动勘探开发是一种针对地质条件复杂的油气田而提出的一种简化评价勘

探、加速新油田产能建设的快速勘探方法（胡朝元等，1985）。它是在少数探井和早期储量估计，对油田有一个整体认识的基础上，将高产富集区块优先投入开发，实现开发地向前延伸；同时，在重点区块突破方面，在开发中继续深化新层系和新区块的勘探工作，解决油气田评价的遗留问题，实现扩边连片。这种"勘探中有开发，开发中有勘探"的勘探开发程序，称为滚动勘探开发。

国内外大量的油气勘探经验表明，复杂断块和其他复杂类型油气田一般不能采用简单的程序，而应该采取滚动勘探开发的做法，否则就可能会事倍功半。例如辽河兴隆台油田一区，含油面积 $5~km^2$，1970~1971 年按常规探明油藏情况的要求，共钻了 34 口探井，结果仍未搞清一些重要的地质情况，不能编制正式开发方案，只勉强规划部署了 31 口开发井，风险性比较大。

山东东营油田的"马鞍形"开发历史，除其他原因外，主要与是否进行滚动勘探开发有直接关系。该油田在 1961 年被发现后，经过五年的预探，到 1966 年 10 月完成了 33 口探井，提高了控制程度。接着进行了滚动勘探开发，到 1973 年建成 130×10^4 t 的生产能力。通过注水和查层补孔，1976 年产量达到 172.7×10^4 t。1977~1981 年滚动勘探开发暂停，产量逐年下降，1981 年达到"马鞍形"的最低点，产量仅为 137×10^4 t。1982~1984 年加强了滚动勘探开发工作和油田调整，储量上升，产量达到 222×10^4 t，出现了第二个产油高峰。通过对东辛油田的辛 11、辛 50 等断块区进行事后分析总结后发现，若按将勘探、开发两个阶段截然划分的做法，即使是在最理想的情况下，也要多打 10% 以上的探井。而探井打完后，开发井可打的只有 40%，导致开发工作被动，并且时间上至少要延迟一年以上。

辽河油田在西斜坡锦 99 区块中钻的第一口井见油后就进行了滚动勘探开发，先规划 500 m 基础井网，选钻 2 口评价井，岩心中见油砂后，又选打了第二批评价井，在此基础上，再次布井 50 口。在一年的滚动勘探开发工作中，探明了含油面积 $3.9~km^2$，同时还建成了 30×10^4 t 的产能，钻井成功率也很高，收到了快速探明油田、迅速投产的高经济效益。

二、滚动勘探开发的基本特点

1. 勘探开发紧密结合、"增储上产"一体化，是滚动勘探开发的基本做法

石油勘探解决的问题是石油资源有没有、有多少的问题，其最终目标是储量，而石油开发要解决的是可以生产多少石油，怎样才能提高石油的产量和采收率，二者具有一定的独立性。而滚动勘探开发的一个重要特点就是"勘探中有开发、开发中有勘探"，二者成为一个整体，"增储上产"一体化。

具体到滚动勘探开发实施过程中的评价井和开发井，其作用虽有明显的区别，但又都具有勘探开发的双重特性。滚动评价井一方面承担着搞清油藏地质特征、计算油气地质储量、为编制初步开发方案提供依据的任务；另一方面，它又是一次开发井网的一部分，肩负着油气生产的任务。早期滚动开发井承担着深化地质认识、核实油气资源、增储上产的任务，因此兼有探井的性质。

2. 立足整体经济效益、实现速度和风险的综合平衡，是滚动勘探开发所追求的目标

将油气勘探工作严格划分区域普查、区带详查、圈闭预探、油气田评价的油气勘探程序具有阶段明显、步骤清晰、由大到小、由粗到细的基本特点，对于保证勘探工作有条不紊地进行具有十分重要的意义。但是这种将勘探与开发严格区分开的做法所引发的缺点也是不容忽视的。发现油田后，必须在含油范围内部署大量的评价井，才能准确获得油气藏的各种参数。其主要后果是，勘探周期过长，油田长期不能投产，表现为勘探效率低下；勘探投资积压，不能发挥应有的作用，表现为经济效益低下；油田产量上不去，满足不了国民经济发展的要求，表现为社会效益低下。

滚动勘探开发与常规勘探程序不同之处在于，它是本着"阶段不能逾越、程序不能打乱、节奏可以加快、效益必须提高"的原则，简化评价勘探，加速油田投产。一方面，它加快了开发建设的速度，但另一方面又提高了开发井的风险性。尤其是早期部署的开发井，存在较高的风险性。开发井有一部分（20%~30%）落空，是允许的，也是正常的。由于需要在开发过程中部署一定数量的评价井去逐步深化地质认识，解决勘探中的遗留问题，必然会造成勘探总周期的延长，但是这一做法却大大降低了勘探的风险性，进而提高了探井的成功率。

可见滚动勘探开发不是单从油田勘探、油田开发、地面建设的某一个方面来片面衡量经济效益，主观要求一步到位，而是将勘探成果、开发效益、油建效果视为一个整体，在提高社会效益的前提下，达到整体经济效益的最大化。

3. 开发方案的反复调整、地面建设的多期次性，是滚动勘探开发的必然结果

常规整状油田开发层系和开发井网的设计一般在初期就可以确定，并且能够稳定一定的时间，但对于滚动勘探开发的复式油田和复杂断块油田，只能在滚动运作中伴随着地质认识程度的加深来逐步完善，不可能一开始就有系统的井网及层系设计，而是一个井网由稀到密、层系划分由粗到细的逐步实施过程。

复杂油气田的油气性质变化很大，油气水分布不完全清楚，对这种对复杂类型油田的地质规律的多次反复认识、开发方案的多次调整实施，必然导致地面建设的多期次性。新的含油区块的不断发现，新层系的勘探不断取得进展，开发生产能力逐步提高，多期的地面建设是不可避免的。所以油气处理、油气集输等地面工程不能一次配套、超前完成，否则会造成资金的积压与巨大浪费。

三、滚动勘探开发程序

（一）滚动勘探阶段

滚动勘探阶段是指在复杂断裂带发现工业油气流后，通过进一步的预探工作，确定有利的油气富集区块后，落实圈闭，加深地质认识，并力争获得高产工业油流。

滚动勘探阶段的主要任务包括：①部署二维地震细测或三维地震工作，确定主要断层的分布和断块构造形态；②根据相邻断块区资料，预测含油层系、目的层和钻探深度；③预测断块的圈闭面积、可能的含油面积和地质储量；④确定最有利的第一批评价井井位，实施钻探，井位设计要在地质研究总体设计的基础上经过新技术、新方法、新观点充分论证后进行确定，然后按评价井实施要求和滚动勘探开发的需要取全取准全套资料。

（二）滚动评价阶段

评价井获工业油气流之后即进入滚动开发设想阶段，这一阶段的目标是基本落实储量并提供可开发的地区，其主要任务包括以下几方面。

1. 早期油藏评价

油藏的早期评价是在评价井见油以后，充分利用所掌握的资料深化对地下地质条件的认识，并对资料的符合程度加以验证，这是决定滚动勘探开发能否少走弯路、避免失败的关键。

评价内容包括五个方面：①断层和构造形态的落实程度；②主要目的层在纵向上和横向上的分布和变化；③油藏产能参数；④预测含油面积和地质储量；⑤油藏驱动类型。通过上述的逐项评价，可以得出以下初步结果：①得出滚动开发设想方案，做出初步的断块七定表（一定地质储量，二定油藏类型，三定采油速度，四定单井日产，五定开采方式，六定稳产时间，七定主要工作量）；②在设想井网中确定出最优先实施的第二批评价井和取心井；③断块经济效益测算。

2. 评价井钻探

在滚动开发设想方案的基础上重点抓好第二批评价井的部署与钻探工作。此时钻评价井是对早期油藏评价和滚动开发设想方案的验证，以解决地质问题和落实储量为目的。要求严格取全取准各项资料，一般要求取心、中途电测和地层倾角测井等。对井位、地下靶点和井轨迹要严格复测复查，所取资料要达到计算Ⅲ级探明储量的要求。

3. 跟踪对比和滚动作图

评价井完钻后要做好钻井跟踪对比工作，根据所获得的各种资料，检验钻井与地震剖面的符合程度，对构造和断层、油层变化以及储层参数、含油面积、地质储量和驱动能量作重新认证，对构造图、断面图和剖面图的正确性进行验证。如果评价井与原来的认识有较大的出入，则需根据新的资料再次进行前期评价，重新编制各种图件，对原设想方案重新加以部署和调整。如果评价井与原来的认识基本一致，则只需对设想方案略加调整即可转为正式方案逐步加以实施。

（三）滚动开发阶段

在第二批评价井钻探达到预期目的并与原来的认识基本一致时，断块即转入滚动开发阶段。这时应以完成上报探明储量和尽快建成生产能力为目标。通过开发前期油藏描述（评价井完钻后）工作，得出以下四个方面的认识：①断块的四图一表（分层构造图、砂体连通图、油藏剖面图、断面图及小层数据表）；②分析落实各项地质参数和油藏参数，计算出断块含油面积和地质储量；③根据动态资料和数字模拟确定注采井网、注水方式和开采方式；④编制正式的滚动开发方案。

在编制正式滚动开发方案的基础上，应同时编制地面建设方案、采油工艺方案，并进行经济效益测算，然后统一加以实施，以尽快开展工作。

（四）全面投入开发继续滚动阶段

在富集区块全面投入开发一段时间以后，要针对开发过程中暴露出来的矛盾，进行再认识，即进行第四次评价。其目的是提高储量的动用程度和水驱控制程度，改善开发效果，提高油田的采收率。其内容应包括精细的构造描述和储量复算、注采井网对储量的控制程度及适应性分析、储层水淹特征及剩余油分布规律分析、地面管网和工艺技术的调整等多方面。经过这一轮的评价，就可以编制综合调整方案。

在早期滚动勘探开发阶段取得成功以后，要利用评价井及开发井的资料，对在开发过程中所认识到的新领域、新层系和新区块进行评价，为已开发区块提供新的储量接替区。

以上是胜利油田广大勘探开发工作者们在长期的滚动勘探开发实践中总结出来的经验，具有一定的代表性。根据他们经验，在整个过程中依然要坚持地震先行的原则，并将其贯穿于滚动勘探开发的全过程，并不断提高地震资料的解释水平；另外，由滚动评价阶段过渡到滚动开发阶段是进行滚动勘探开发的关键时期，在这一过程中，要尽量缩短过渡时间，力争做到少反复和不反复，从而实现滚动勘探开发的高效益。

四、滚动勘探开发的部署原则

（一）重视整体地质评价，作好滚动勘探开发规划

为了高质量地滚动勘探开发一个大型复式油气聚集带，首先必须作好整个构造带的滚动勘探开发规划，尤其要重视以下三方面的工作。

1. 精细综合构造图的编制

对地震资料要进行不同时期地震测线的重新处理，包括常规处理和特殊处理。要改变传统的以地震资料单因素成图的做法，重视开发过程中的动态资料的应用，提供准确的构造图。

2. 区块分类评价

根据精细综合构造图，将各断块区的断块按已开发和未开发进行分类，重点对未开发类断块进行三种研究，并完成三种图件。三种研究是，断块油气富集条件研究、油藏类型研究、资源预测研究；三种图件是，断块综合构造图、剖面图、断面图。同时根据断块所处的构造部位、构造形态、复杂程度、储量预测及可能富集高产程度进行分类。

胜利油田的具体分类方法是：

Ⅰ类：构造基本落实，含油面积大于 0.5 km^2，石油地质储量大于 $1.0 \times 10^4 \text{ t}$，

相邻断块或本断块的油井富集高产。

Ⅱ类：主断层落实，但内部构造较复杂，有一定的含油面积和储量（相当于控制储量），相邻断块油井产量较低。

Ⅲ类：地下地质条件比较复杂，构造不落实，断块小或圈闭条件差，周围油井显示较差或缺乏钻井资料。

3. 滚动勘探开发规划制定

在上述分类评价的基础上，制定区带滚动规划。实践证明，制定滚动规划就是在一个区带内，对不同断层分别进行滚动勘探（Ⅲ类）、滚动评价（Ⅱ类）及滚动开发（Ⅰ类）。根据分类评价的结果确定各断块滚动勘探开发的顺序与工作内容。对Ⅰ类断块主要是编制滚动开发的设想方案，逐步投入滚动开发；对Ⅱ类断块重点是在有利部位设计关键井，根据关键井的钻探结果进行综合评价并编制设想方案；对Ⅲ类断块应加强地震研究，可钻少量的评价井，逐步了解断块的地质条件。

胜利油田1986年通过对超过3 000 km地震剖面的重新解释，再综合1 100余口井的钻井资料和动态资料的基础上编制了东营中央背斜带1∶10 000通过精细构造图，初步划分出了32个断块区，399条断层，各种大小断块301个。其中有138个已投入开发，占总数的46%，163个未开发块，占总数的54%。

经过对163个未开发断块综合地质研究和分类评价，从中优选出108个有利断块，预测含油面积43.4 km²。通过上述综合分析评价，共设计各类井128口，编制了整带滚动勘探开发规划。

（二）加强组织管理，及时进行滚动开发方案的调整部署

由于断块油田的地质情况十分复杂，滚动勘探开发虽有规划方案，但情况多变是其重要特征，在实施过程中待认识、要研究、需决策的新问题随时随处都存在。因此需要随时根据新钻井的情况，进行跟井分析，及时进行调整，实施快速决策，否则就会造成工作的延误和损失（任东，1996）。

在滚动开发阶段，钻井的总体原则是"总体设想，分批实施，断块交叉，

逐步蔓延，及时调整，分区完善"。既不能超越程序，又要使得认识周期尽可能缩短，滚动的节奏尽可能加快，只有这样才能实现滚动的高效益。

由于滚动勘探开发是一个多学科、多专业相结合的系统工程，要充分发挥地震、测井、地质、油藏工程、采油工艺等多专业互助互补的优势，就必须培养一批高素质的专业人才以及复合型人才。为使滚动开发过程高效运行，就必须从管理组织上予以保证，每个滚动区块需要有包括地质、物理勘探、开发三方面人员组成的项目组，系统研究油田静态、动态、钻井、地震等方面的信息，并迅速反馈，采取正确的方案调整措施。

（三）地面、地下统筹安排进行油气田建设

滚动勘探开发油田的地面建设可分三步进行。预探井出油，经过单井评价及区带评价后，确定可能开发的意向，并对地面建设规划进行建设前期可行性研究，对油田建设的各种方案进行对比。对有关方面进行调查，收集资料，对方案进行经济技术评价，为制订投资计划提供依据。

根据部分评价井资料和滚动勘探开发规划及可行性研究报告，编制油田建设总体规划。油田地面建设要总体规划，分批实施。选择适合的富集区块，优先建设，先建骨干工程，再一片一片地逐步扩大，形成总的生产能力。在整带资源不完全清楚的情况下，总体规划中要留下扩建的位置。

最后，根据总体规划进行项目设计，按照对地下、地面认识的程度和条件成熟情况分先后次序，逐个进行项目设计。随着认识的深化，对规划要逐步调整，并按调整后的规划进行新的项目设计。

试采阶段或滚动开发初期，一种主要输油方式就是单井外运油或多井外运油。东辛油田1968年前建了22口外运油井，大港的港东油田一区1966年开始建设，1967年产油30×10^4t，全部由汽车运至周李庄油库再往外运。这种拉运油的方法比较灵活，既取得了试采资料，又节省了投资。辽河的东胜堡油田，1984年对4口井进行试采，当年就采出、运输原油13×10^4t以上。当然，在生产达到一定规模和认识相对准确时，就要上管道输油工程，否则原油

的扩大再生产将会受到限制。但边远断块区仍需采用单井运油方法进行，如东辛南部的辛 111 井单井运油达 10 年之久，共累计原油 12.8×10^4 t。试采资料表明，原油动态储量很大，1983 年来用滚动开发的方法，新打油井 8 口，建成了 22×10^4 t 的年生产能力。

（四）推广使用新技术，提高滚动勘探开发水平

复杂类型油气田的勘探开发工作，由于其地质条件的复杂性使得它对高新技术的依赖性更加明显。我国多年的滚动勘探开发实践表明，每当有理论创新突破和新技术的推广应用，就会带来储量和产量的大幅度上升。例如胜利油区的郝家—现河油田先后采用了三维地震资料的精细处理解释技术、以储层地震学为基础的砂体横向预测技术、预测油气富集区块的模式识别技术、重复地层测试技术（RFT）、试井探边技术等一整套勘探开发技术，已经陆续发现了一些产能高的油气富集区块和层段，油田的动用储量和原油产量每年都有增长。

第四章 页岩气地震勘探资料采集及处理技术应用

地震资料采集技术是整个地震勘探技术环节中的基础，决定地震勘探是否能够达到目的。地震勘探采集技术近年来取得了很大的发展，三维宽方位、宽带采集技术是其中的代表。与其他类型油气藏勘探开发一样，页岩气藏的勘探开发也离不开地震勘探技术，尤其是三维地震技术有助于准确认识复杂构造、储层非均质性和裂缝发育带；三维地震解释技术能优化井位和井轨迹设计，以提高探井（或开发井）成功率。针对页岩气储层的特点，对地震勘探采集技术也提出不同的要求。

页岩气作为一种蕴藏量巨大的非常规天然气资源，在北美地区已取得良好的勘探开发效益。页岩气藏形成的主体是富有机质页岩，它主要形成于盆地相、大陆斜坡、台地凹陷等水体相对稳定的海洋环境和深湖相及部分浅湖相带的陆相湖盆沉积体系。北美工业性开发的页岩气资源均在海相沉积地层，与北美地区平坦、辽阔的地形不同，我国页岩气地质条件复杂，海相、海陆过渡相、陆相页岩具有发育、多层系分布、多成因类型、后期改造难度大等特点。我国烃源岩发育良好、演化程度高，四川盆地、鄂尔多斯盆地、渤海湾盆地、松辽盆地、吐哈盆地、汉江盆地、塔里木盆地、准噶尔盆地等地具有页岩气成藏的地质条件。例如，四川盆地、鄂尔多斯盆地的涪陵、延长等探区已在陆相泥页岩中获得了页岩气勘探开发的突破；扬子地台及塔里木盆地等地区获得海相页岩气勘探开发的突破。这些地区大多以黄土塬山地地形为主，受多期构造运动影响，地震地质条件相对复杂，地表出露的岩层年代一般较老，大多以灰岩为主，激发条件较差；目的层埋深变化大，波阻抗差异一般较小，反射波能量弱。另外，页岩气采集也需要面临沙漠地形，沙漠区由连绵起伏且流动的沙丘、沙垄及复合体组成，相对高度差从几米到近百米，最高可达 250 m。沙漠近地表基本为两层结构，以潜水面为界，其上统称为低速层，自上而下具有连续性介质的性质，速度为 350~700 m/s，厚度基本随地表高程变化，一般为 1~80 m；潜水面以下为含水沙层，称为降速层或高速层，速度为 1 600~1 900 m/s。表层沙漠对地震信号衰减严重，干扰波发育。

无论是黄土塬山地还是沙漠地区的地理环境、复杂的地表和深层地震地质条件都给地震采集带来了挑战。页岩气地震勘探是一门技术性很强的勘探技术，只有通过统筹设计，进行精细的技术分析，并细心施工，才能获得高质量的地震勘探地质成果。

第一节　页岩气地震勘探采集技术

一、页岩气地震勘探采集概述

（一）页岩气勘探特点

常规油气的勘探以储层或油藏为地质目标。然而，对于页岩气来说，成藏的"储层"是其自身，具有其独特的"自生自储"特点，也就是说页岩气勘探是以源岩层为地质目标的。页岩气储层在地层埋深、厚度方面也有其独有的特点。根据美国地质调查局（USGS）提出的页岩气选区参考指标，富含有机质页岩厚度应大于 15 m。在深度和厚度方面，我国学者提出了为保证一定规模的页岩气藏资源量、资源丰度，有利发育区含气泥页岩厚度应大于 50 m，埋深为 1 500~4 500 m。而从工程技术的角度来说，2 000~3 500 m 的埋深是目前页岩气勘探开发的理想深度。显然，对于页岩气勘探来说，应以满足查明页岩层深度、厚度及空间展布特征为第一目的；页岩气勘探作业参数应以有效、使用、经济为出发点。

（二）页岩气勘探目标

①有机碳含量和热演化程度较高、黑色页岩较发育的区域，页岩单层厚度一般大于 30 m。

②在背斜构造缓翼靠近轴部的部分、向斜范围内、盆地边缘斜坡页岩厚度适当易形成张性裂隙及裂缝—微裂缝发育带是页岩气藏发育的最有利区域。

③在暗色泥（页）岩地层中，具有高压或低压异常或流体高势能区是勘探的重点。

④海相页岩发育区、陆相中的湖相和三角洲相是较为有利的优先勘探区域。

⑤靠近盆地中心是页岩气成藏的有利区域。

（三）页岩气勘探原则

根据页岩气藏主控地质因素及分布规律，页岩气藏勘探总体应遵循以下几点原则。

①页岩气藏勘探尽可能优先在有机碳含量和热演化程度较高区域进行，特别是有机碳含量大于 2% 和镜质组反射率大于 0.4% 的区域，之后再以黑色页岩较发育的区域进行优先部署。

②陆相和海相页岩气藏勘探应彼此顾及，首先勘探沉积中心的区域，在有所发现的条件下，再逐步扩大勘探范围。陆相中的湖相和三角洲相是较为有利的优先勘探区域。但还应了解区域内海相—海陆过渡相—陆相的纵向时空变化规律，以便寻求纵向上追踪勘探。

③裂缝发育区域的判断是关键环节，优选构造转折带、地应力较集中带和褶皱—断裂带重点勘探，现今的中深级埋藏深度是勘探重点，对海相沉积页岩的过大抬升区域要进行侦察性勘探。

④暗色页岩单层厚度一般大于 30 m 时较适合勘探，应结合有机碳的含量进行综合选择。暗色页岩层流体高势能区是勘探的重点，游离页岩气高压异常带应优先勘探，而吸附高压异常带勘探可推后进行，低压异常带勘探要慎重，

但也不可忽视低压异常中仍有较大产出能力的可能性。

在陆相盆地中，湖沼相和三角洲相沉积产物一般是页岩气成藏的最好条件，但通常位于或接近于盆地的沉降—沉积中心处，导致页岩气的分布有利区主要集中于盆地中心处。从天然气的生成角度分析，生物气的产生需要厌氧环境，而热气的产生也需要较高的温度条件，因此靠近盆地中心方向是页岩气成藏的有利区域。另外，在钻探部署时，牢记裂缝性气田勘探"一占三沿"（即占高点，沿长轴，沿断层，沿扭曲）的成功原则。

（四）页岩气勘探地震资料采集难点

我国目前重点开展的南方海相页岩气勘探区域主要位于四川盆地南部、滇黔北、安徽及塔里木等地区。这些地区以山地地形为主。由于山区的构造复杂，采集常常存在以下难点：地表起伏大，山地植被发育，表层结构复杂，大面积出露奥陶系、二叠系、三叠系等老地层灰岩；地震地质条件十分复杂，灰岩区地震激发、接收条件普遍较差，原始弹炮记录上多次折射干扰、面波干扰、随机干扰和高频干扰等干扰波非常发育，而且复杂多变，有效反射能量相对较弱，资料信噪比低；地下构造复杂，逆掩推覆作用使高角度老地层出露，造成速度拾取中的多解性和在时间方向上的反转，因而难以准确确定叠加速度场，增加了处理难度；横向速度变化大，难以准确地叠加成像和偏移归位；当地层倾角较大时还会使地层产生层间滑动，引起厚度差异，造成目的层反射波能量不稳定、连续性差。

对于沙漠地形，沙层厚度大、沙丘高差大、地形复杂、河流域河床淤积流沙，这些都给野外地震数据采集造成很大的困难。沙丘厚度直接影响干扰波的发育程度，是导致大沙漠区地震资料信噪比低的主要原因。疏松沙丘对地震能量波能量及频率吸收衰减强烈。近地表 3~5 m 的沙层可使主频为 45 Hz 的地震波衰减成 35 Hz；疏松沙丘引起的噪声干扰强，严重影响资料信噪比。地震波传播过程中，浅层的疏松沙丘是以相互空间较大、黏附力很小的沙粒为振动点，阻尼系数非常小，因此，振动延续时间非常长，造成尾振干扰；同时，在地震波激发过程中，也极易产生较强的散射干扰。这些干扰的存在严重影响了中、深层地震资料信噪比。剧烈起伏的沙丘引起的静校正问题突出，潜水面以上的低速层的连续介质特性在不同区域、不同沙丘性质均存在较大差异。另外，沙漠地区交通极为不便，生产及生活物资运输困难；沙丘起伏大、低速层巨厚导致推路、钻井、放线等工序施工难度大。

山地及沙漠地区激发存在的问题有：表层对地震波的吸收衰减严重，黄土层对地震波的吸收约为深层的100倍；激发的地震波能量和频率低，激发岩性松散速度较低，导致激发频率较低；沙漠地区激发岩性为流沙，激发时井壁易坍塌，增加换井频率，下炸药的深度不一致。

山地、沙漠地区干扰波的主要类型有以下几种。

①短程多次波：其能量、速度和频率与一次有效波接近，不容易区分，滤除困难。

②面波：频率低，一般在 15 Hz 以内；速度低，面波的速度随频率变化而变化。振动延续时间随传播距离的增大而增长，能量强，衰减慢，时距曲线是直线。

③随机干扰波：地面的微震，如风吹草动及人为噪声，它来自地表的各个方向，振幅大小变化无规律，既没有一定的频率，也没有一定的速度。

在页岩气低成本勘探战略下，如何设计观测系统，选择对勘探成本影响最大的道距、覆盖次数、最大炮检距、激发参数等多种地球物理参数成为地震采集工作的关键。

二、页岩气地震勘探采集宽（全）方位观测系统设计

（一）地震采集要素

1. 地层倾角与构造走向

勘探目的层的倾角是采集参数计算和选择的一个必要因素。当然，并不要

求准确知道各个地层的倾角和构造走向，但是需要知道最大的倾角限和主要的构造走向。

2. 地震波的最高频率和时间频率

在计算野外采集的参数时，希望在地震记录中尽可能地保存丰富的高频成分。

3. 分辨率与子波带宽

子波的带宽分为绝对宽度与相对宽度。

子波分辨率的高低主要由绝对频宽来衡量，而不能只看相对频宽，相对频宽决定子波的相位数。在零相位子波条件下，频宽与分辨率有如下关系：绝对宽度越大，则子波的脉冲性越好，分辨率就越高；绝对宽度不变，则不论主频如何，其分辨率不变；绝对宽度不变，主频越高则相对宽度越小，即子波相位数越多，此时分辨率与主频无关；相对宽度不变，则子波相位数不变，此时主频越高，绝对宽度就越大，子波分辨率越高。

4. 横向分辨率

地震勘探中的横向分辨率（空间分辨率）的基本含义是：地震资料在水平方向上所能分辨的最小地质体的能力，又分为水平叠加时间剖面的横向分辨率与叠加偏移剖面的横向分辨率。一般的讨论都限于偏移前，而偏移后的横向分辨率很难讨论清楚。但无论如何，横向分辨率仍是一个空间—时间问题。

根据惠更斯原理，地面记录到的反射信号应视为反射面上各二次震源发出的振动之和，这说明反射波并不是来自反射面上某一反射点的贡献，而是一个面积上的贡献。第一菲涅耳（Fresnel）带的含义就是，当入射波前与反射面相交形成反射时，波前面相位差在 $\lambda/4$ 以内的那些点所发出的二次振动将在接收点形成相长干涉，使记录的能量增强，而在该区以外各点发出的二次振动则相互抵消，这个区域是产生反射的有效面积，即第一 Fresnel 带。该带直径的一半即为第一 Fresnel 带半径。如果地质体的宽度比第一 Fresnel 带小，则反射将表现出与点绕射相似的特征，地质体的宽窄不能被分辨；只有当地质体的宽度大于第一 Fresnel 带时才能被分辨。所以，第一 Fresnel 带的大小就成为确定横向分辨率的标准。这个标准也是一个相对的概念，因为它受多种因素的影响。

① Fresnel 带的大小与地震波频率有关。其直径或半径与地震波主频的平方根成反比。实际上，反射子波包含了不同的频率成分，每个频率成分都有不同的 Fresnel 带，所以，这种关系对每个频率成分都适用。由于不同频率成分 Fresnel 带的大小不同，高频成分 Fresnel 带小，分辨率就高，低频成分 Fresnel 带大，分辨率就低，因此提高水平分辨率的主要方法之一就是提高反射波的频率。

② 第一 Fresnel 带（直径或半径）与深度的平方根成正比。

③ 第一 Fresnel 带（直径或半径）与速度成正比。

5. 空间采样距离

空间采样距离是指采集资料时，对地震波进行接收的空间间隔。只有当地质体空间的三个正交方向的采样密度均满足要求，所得到的数据体才有意义。因此，为了保证所有反射有意义，在三个方向上都必须有足够的采样密度。

如果存在明显的相干噪声，则对噪声采样不能把噪声的假频引入信号的频谱中来，这样做的目的是为了能在资料处理中消除面波干扰，即不产生面波的假频。

为了计算出不产生假频的最大道间距，需计算出地震信号沿测线的最小视波长，同时也应通过干扰波调查，了解探区的干扰波出现规律和干扰波的最大视波长。

因此，地震波视波长不仅与最高频率有关，而且和界面深度、速度、倾角和炮检距有关，一般取最大炮检距，沿下倾方向计算视速度。

6. 最大炮检距

最大炮检距指炮点到最远检波点的距离。最大炮检距的限定值与多种因素有关，并受到多种因素的制约，因此应根据工区地质条件和有关地球物理参数综合考虑，一般最大炮检距应当与目的层的最大深度相当。

7. 覆盖次数

覆盖次数的高低决定着叠加记录的信噪比，它与压制规则干扰波和随机噪声有密切关系，同时也与速度分析及计算静校正量有关。

从统计效应考虑，覆盖次数越高越好；但实际的干扰背景不是很大的时候，过高的覆盖次数是没有意义的。一旦覆盖次数被确定下来后，对于设计观测系统就要求每个面元覆盖次数分布均匀，炮检距也要从小到大分布均匀。

对于线束状三维观测系统（该系统由多条平行的接收排列和垂直的炮点排列组成），先按二维直线观测计算覆盖次数的方法分别计算 x 方向的覆盖次数 N_x 和 y 方向的覆盖次数 N_y，最终三维覆盖次数为 $N = N_x N_y$。根据二维观测系统，定义 x 方向观测系统，把炮点线与接收点线的交点作为激发点，接收点线为接收排列。定义 y 方向观测系统，把炮点线与接收点线的交点作为激发点，把炮点线上炮点作为接收点。

8. 偏移孔径

偏移孔径是指倾斜地层、断层、绕射点正确归位的距离。为了使倾斜地层和断层归位，在三维勘探设计时，必须考虑到偏移孔径。

根据经验，偏移孔径一般选下列二者中的较大者：① 地质上估计的每个倾角的横向偏移距离；② 收集 30°出射角范围内的绕射能量所需要的距离，决不能小于第一菲涅耳（Fresnel）带的半径。

9. 覆盖次数渐减带

覆盖次数渐减带是勘探工区边缘未达到满覆盖的区域。一般的经验是，在水平层状介质假设下，覆盖次数斜坡带大约是目标深度的 20%。

10. 记录长度

要求能够记录到最深的感兴趣层位的绕射，并使绕射有一个偏移孔径宽度的多道记录，使绕射在偏移中正确成像。更为直观地估计是深层大倾角反射的旅行时深度。

11. 面元

面元是三维勘探中的术语。面元的大小与勘探工作量成平方关系。因此，在满足勘探任务的前提下，应尽可能采用大的面元。决定面元的因素有三个方面：第一是勘探目标，要能够分辨一个小目标，最少要有三个记录道数，因此，勘探中分辨最小目标的三分之一，即是对面元大小的基本估计；第二是无混叠频率产生，它依赖于地层的倾角、地层的层速度和最大有效频率，地层的倾角越大、最大有效频率越高，面元就越小，地层的层速度越快，面元就越大；第三是横向分辨率，如果空间两个绕射点间的距离小于最高频率的一个空间波长，它们就不能分辨开。因此，要满足横向分辨率的需要，就必须对每个优势频率的波长取两个样点，此距离即面元的长度。

（二）观测系统定义

观测系统定义是地震资料处理的最基本步骤。地震资料的野外采集，一般都是按照事先设计好的方案进行的，如测线的长度、位置和方位，炮点的间距和坐标位置，观测系统类型，偏移距的大小，排列的长度，检波点间距和坐标位置等。这些参数描述了地震记录的空间位置以及记录之间的相对关系。由于受野外客观条件的限制，设计好的方案在实施中一般都会有所调整，对于复杂的地形条件，这种调整有时会达到很大的幅度。还有一些参数是事先设计时不可能准确获知的，如炮点和检波点的地表高程、井口时间等，它们都要在实际施工时实时测量。

这两类数据都是处理中必须用到的，和处理结果密切相关。它们在野外地震数据采集施工的同时都被记录下来。另外，还需要记录一些辅助信息，如坏炮号，坏道号，过河、过沟、过电线道号，激发岩性，激发井深，激发药量，测线的大地坐标，测线拐点坐标，炮点和检波点大地坐标，炮、检点地表高程，对于起伏地表和复杂表层结构区还包括炮点和检波点的野外静校正量等。

观测系统定义实际上就是将上述反映地震野外施工方式的有关数据输入到地震处理系统之中，让处理系统"知道"测线是如何布设的、各炮及其排列在测线上的位置及各炮、检点的地表高程和野外静校正量（或低降速带速度、井口时间）等。这样，处理系统就能根据这些信息确定出后续处理中所需的各类信息。

观测系统定义完成后，一般都需要对定义的观测系统进行检查，纠正在观测系统定义中可能出现的各类错误，这项工作称为观测系统质量控制。

（三）宽方位观测系统设计

1. 观测系统设计原则

为了了解地下构造形态，必须连续追踪各界面的地震波（即逐点取得来自地下界面的反射信息），这就需要在测线上布置大量的激发点和接收点，进行连续的多次观测，每次观测时激发点和接收点的相对位置都保持特定的关系，地震测线上激发点和接收点的这种相互关系称为观测系统，通常也用观测系统来表示激发点、接收点和地下反射点的位置关系。

不同的勘探方法具有不同的观测系统，折射波勘探法采用折射波观测系统，反射波勘探法采用反射波观测系统。一般来讲，我们目前采用的勘探方法绝大多数都是反射波勘探方法。

为了能够系统地追踪目的层有效波的地震记录，在野外采集时必须适当安排和选择激发点与接收点的相互位置，即选择合理的观测系统。观测系统的选择取决于地震勘探的地质任务、工区的地震地质条件及勘探方法，还需要尽可能使记录到的地下界面能连续追踪，避免发生有效波彼此干涉的现象，以及方便野外施工等。

观测系统设计的主要内容表现在两个方面：如何在采集数据前通过试验给出最佳的采集参数；如何利用现场监控保证采集到高质量的野外地震数据。在进行观测系统时设计首先要考虑的是观测方式必须满足地质任务的需要，如在断裂发育地区应采用中间激发或短排列的观测形式，这样可以减少动校正误差，增加覆盖密度，提高勘探精度。其次是考虑在施工地区特殊地表条件下所使用设备的能力，确保得到好的地震资料，从而保证施工地区资料的完整性。

观测系统设计应满足以下原则。

①在一个共炮点道集内或一个共深度点（Common-depth Point，CDP）道集内，应当有均匀的地震道，且炮检距从小到大均匀分布，能够保证同时勘探浅、中、深各个目的层，使观测系统既能保证取得各个目的层的有用反射波信息，同时又能用来进行速度分析。

②地下各点的覆盖次数尽可能地相同或接近，在整个工区范围内分布是均匀的。均匀的覆盖次数是保证反射记录振幅均匀、频率成分均匀的前提，从而才能保持地震记录特征稳定，使地震记录特征的变化能够与地质变化的因素相关联，有利于对复杂地质结构和岩性的研究。

③考虑地表的施工情况，在地面条件允许的情况下，尽可能地满足以上两个原则，如果地面条件受限制，则需要改变观测系统，采用不规则观测系统。

此外，野外采集还会受到处理软件和方法的限制，以及成本方面的限制。归纳起来，三维地震数据采集设计需要满足：地质任务和地震地质条件的要求；现行处理软件和方法的要求；野外采集的投资与成本的要求。

2. 观测系统设计流程

三维地震数据采集技术研究一般包括采集设计、采集方法、质量控制及装备制造等方面的研究。实际上采集技术就是观测系统设计。观测系统设计主要包括确定观测系统的几何形态，选择覆盖次数、面元大小、道间距、非纵距、最大和最小炮检距等参数。

第一，资料收集，即收集各种地球物理参数，如目的层位的层速度、地层倾角、构造走向等，考察以往地震资料的信噪比、覆盖次数和观测系统参数存在的不足以及新任务的地质目标和要求。第二，选择合适的观测系统即在面元内方位角、炮检距分布均匀及工区内覆盖次数分布均匀的前提下，选择接收线数、接收线距、激发线距、激发点数以及炮线与接收线的几何形态的最佳组合。第四，正演模拟，分析评价多个满足要求的观测系统产生的地震波射线对目标地质体的照射以及对后续地震资料处理和目标成像的影响。最后，制作成本预算以及施工作业的后勤保障。

3. 宽方位角观测系统

三维地震勘探始于 20 世纪 80 年代，由于仪器道数的限制，在 2000 年以前一般都采用线束状窄方位角观测系统。这类观测系统的优点是形状简单，炮检距分布均匀，便于野外质量控制和室内处理；缺点是方位角分布较差，排列片纵横比小，所获得的地下信息主要是纵测线方向的，横向信息少。

近年来，由于海底电缆采集技术的发展，宽方位角采集在海洋勘探中得到了广泛应用，并获得了较好的应用效果。而陆上宽方位角地震勘探由于数据质量（信噪比）和采集费用等原因受到一定的限制。影响陆上宽方位角地震勘探费用的因素主要有：采集道数，炮点、检波点的空间采样间隔和覆盖次数，钻井和激发费用，采集效益，处理和解释费用的增加等。但随着近年来地震硬件设备的逐步发展，地震采集道数已从原来的几百道发展为几千道乃至上万道，使得陆上复杂采集观测成为可能。

通常宽、窄方位角观测系统的定义是：当横纵比大于 0.5 时，为宽方位角采集观测系统；当横纵比小于 0.5 时，为窄方位角采集观测系统。宽方位角横纵比通常在 0.8~1.0 之间时，而窄方位角横纵比可小到 0.2 以下。

另外，窄方位角采集的炮检对的方位数量主要集中在沿测线（黄色线）较窄方位上，而宽方位角采集的炮检对的方位数量则在全方位上基本都是均匀分布。

关于速度和处理成像方面，早期由于方向各向异性的影响，人们认为窄方位角好。但现在方位角各向异性的现象逐步被人们认识，因而宽方位角地震勘探可以提供更多的储层信息，这就要求用三参数速度分析，然而三参数速度分析技术并没有在工业化得到应用。

从近几年地震技术的发展来看，基于纵波的方向各向异性地震勘探采集、处理和解释技术已基本成熟，限制该技术发展的因素主要是经济效益。影响陆上宽方位角地震勘探费用的因素主要有：采集道数，炮点、检波点的空间采样间隔和覆盖次数，钻井和激发费用，采集效率，处理和解释费用的增加等。

4. 实现宽方位角三维观测的主要方法

给定一个地震勘探区块，根据最深目的层的深度，考虑动校正拉伸、速度精度、反射系数、干扰波、视波长和多次波来确定排列长度。根据地质要求和采集资料需要实施宽方位采集，就必须在横向上有足够长的偏移距，并尽量保证偏移距和方位角均匀分布、一致且连续，这就要求在排列片内采用较宽的线距，或者采用较多的线数，目前实现宽方位三维观测主要有以下四种方法。

（1）增大接收线距

通过增大接收线距，调整排列片内接收线之间的距离，可以提高横纵比，来达到拓宽方位角的目的。窄方位观测系统中，炮检对的分布主要集中在沿测线方向较窄的方位上，大偏移距的信息在横向上分布很少，适当地增大接收线距，可提高横向上大偏移距炮检对的接收数目。然而接收线距过大会引起浅层资料的丢失，还会造成纵向和横向上采集数目不均匀，尤其是横向偏移距的不连续分布，出现采集脚印，不利于地下岩性各向异性的勘探。

（2）增加接收线数

针对增大接收线距存在的问题，可以通过增加排列接收线数的方法，增加横向上的偏移距和覆盖次数，并改善耦合效果，但这样会使对采集设备的投入加大，设计时要权衡考虑采集参数与现有设备采集能力的关系。

（3）炮检互换法

根据 Vermeer 提出的对称采样原理，在受设备条件限制时，可以将检波点和炮点进行互换，用炮点来弥补检波点的采样不足。最早由沙特阿美公司的 Hastings-James 等人提出的宽方位采集技术，把炮点布设在排列片的两侧，炮点由一组设计成两组，变成推拉型观测系统，这样接收线可以减少一半，排列横向滚动时，通常重复一半炮点。也可以设计炮点纵向上重复，变中间激发为两端激发，每条线又可以减少一半的接收道数。总之，就是通过降低设备的投入，并采用多组震源滑动扫描方法来提高施工效率。

（4）调整排列片内炮点数目

炮点设计在排列片中心，炮点的个数决定接收线的横向滚动数目。在接收线数不变的情况下，排列片的横向炮点数与其对应的横向最大偏移距是一致的，也就是说在接收线不变的情况下，排列片内的炮点数与横纵比无关。但是，炮点数会影响炮检距的分布和野外采集的施工效率。对于正交型的观测系统，排列片内炮点个数常设计为偶数，且相对于接收线是对称的。设计方法主要有以下三种。

① 线滚动方法：该方法设计为每次横向滚动时只有一条接收线滚动，其余接收线保持不动。排列片内的炮点设在相邻 2 两条接收线内，并且在整个排列片的中心。横向滚动时，炮点横向滚动的距离与相邻两条线的接收距相等，炮点不重复。该方法的优点是方位角和炮检距分布均匀，空间采样连续，采集脚印痕迹小。但是要求接收线多，设备投入大，施工效率较低。

② 全排列滚动方法：它是一束测线完成时，所有接收线整体搬家到下束测线进行施工的方法。排列片内的炮点横穿整个排列片并延伸到排列片的外侧，增加炮点尽可能增大横向偏移距，最理想的设计是横向偏移距与纵向偏移距大致相当，横向滚动时，重复炮点，这样同一个炮点会记录来自不同排列片的数据，达到拓宽方位角接收的目的。该方法接收线一般比较少，且多应用在浅海和滩海过渡带海底电缆（Ocean Bottom Cable，OBC）采集。

③ 多线滚动方法：它是介于线滚动和全排列滚动的一种方法，该方法每次横向滚动时有两条甚至多条接收线滚动，通常最多为半个排列数滚动。炮点布设在多条接收线内，炮点横向滚动距离与这几条接收线滚动的距离相等，炮点不重复。该方法比线滚动的观测系统施工效率高，且横向炮点越多，施工效率越高。但是炮检距方位角分布不均匀，变化较大，空间采样不连续，并受采集脚印影响。横向滚动线数越多，采集脚印痕迹就越大。与全排列滚动相比，该方法横向上不够宽，因为全排列滚动的横向偏移距要比一般的观测系统大。

三、页岩气地震勘探采集参数论证

（一）采集参数

地球物理采集参数包括目的层位的层速度、地层倾角、构造走向等，考察过去的地震资料以及新任务的地质目标，即以往地震资料的信噪比、覆盖次数和观测系统参数存在的不足，具体归纳为：最浅反射层的时间或深度（表层静校正或反射成像）；最深目的层或主要目的层的时间或深度；对目的层要求的分辨率和最大频率；目的层的最大倾角；所有的速度函数资料（对横向变化大的地区可能有几个速度函数曲线）；相应的动校正切除函数（可由速度函数计算得到）；已有资料的质量问题（多次波、散射、面波、静校正等）；可解释的测量区域；已被解释的地震剖面；原始单炮记录；地形条件；复杂区块的构造模型；岩石物性参数及 AVO 分析。

（二）参数论证方法

正确选择地震采集参数的过程，实际上是对客观的地震地质条件与地震勘探机理的一个不断深入的认识过程。地震数据采集参数主要分为激发参数、排列参数和接收参数。激发参数分析包括激发井深的确定；排列参数包括接收排列最小、最大炮检距，面元大小，接收道距，偏移孔径等；接收参数包括接收组合距计算和组合特性分析。这些参数是地震数据采集的关键，其选择得好坏，将直接决定能否得到好的原始单炮地震资料。因此，采集参数分析是一项十分重要的工作，必须科学地、系统地进行论证分析，以便得到最佳的采集参数。

1. 激发参数

激发参数主要是确定最佳的激发井深，以保证激发能量可最大限度地向地下传播，且有一个宽频带的激发子波。要得到最佳的激发参数，首先要进行表层结构的调查。表层结构一般可通过小折射、微测井方法来调查清楚。表层调查的目的对激发分析来说，是要了解地下潜水面，因为在潜水面下（胶泥层中）最有利于地震波的激发。潜水面在工区中常常是变化的，激发深度也应该随着变化，才能够得到最好的激发效果；其次，需要进行虚反射分析，即激发的子波一部分直接向地下传播，另一部分向上（潜水面）传播后再反射向地下传播。把这两部分能量叠加在一起，从而改变了原始激发子波的能量和频带，井深选择合适，子波的能量能够加强，频带影响小；反之，子波的能量减弱，频带影响大。激发参数分析即要查明潜水面，并在潜水面下适当的深度激发，以避免虚反射的影响，保证最佳激发效果。

2. 排列参数

排列参数论证包括满足地质目的层位勘探的最大炮检距 X_{max} 和最小炮检距 X_{min}，满足地质体的横向分辨率，不出现空间假频采样的道间距、炮点距和面元大小，论证满足地质解释足够信噪比的覆盖次数，从而确定最佳的面元大小、道间距、炮点距、覆盖次数、方位角特性以及最大和最小炮检距的范围。

（1）面元与道距

合理选择面元既能减少野外采集费用又可以保证接收到的地震波在三维空间的频率，限制假频干扰，提高成像质量，提高地震资料横向分辨率，控制小的地质异常。

另外，两个绕射点的距离若小于最高频率的一个空间波长，它们就不能分辨，根据经验法则，每个优势频率的波长至少应保证两个采样点，这样才能得到较好的横向分辨率。

（2）最大炮检距

在设计最大炮检距时，要视工区的实际情况和具体要求，分别考虑以下内容：应近似等于最深反射层的深度；主要目的层应避开直达波的干涉；应小于深层临界折射炮检距；应使所接收到的反射波来自反射系数稳定段；避免来自目的层的反射波因动校正拉伸而被室内处理切除掉，满足速度精度的要求等。

①反射系数稳定与最大炮检距。对纵波勘探来说，要求地震波靠近法线入射。为此，从稳定反射系数考虑，应避免因入射角过大而引起的反射畸变和寄生折射。

②动校正拉伸与最大炮检距。动校正拉伸过大会使地震波频率畸变，同时也会降低地震剖面的有效覆盖次数，因此，设计最大炮检距要充分考虑它的影响，以防止那些不能被用于资料处理的记录道被采集进来。

③速度求取精度与炮检距。设计排列参数时必须考虑速度精度的要求，以避免由于采集排列长度太短，不足以压制各种干扰波而导致速度分析精度降低的所谓"采集"误差。

④最大炮检距对观测形式的要求。通常一个工区的最大有效炮检距在不考虑采用广角反射成像时，基本上是一定的，这样也就限定了每一炮的最佳检波点的接收范围为一个圆形。现有的常采用的正交观测系统和非正交观测系统中的排列片均呈条带状，当考虑在纵向提高覆盖次数时，因排列长度受最大有效炮检距的限制，不能延长过多，因此在不考虑缩小接收道距的情况下，存在一个最大值，这样要想提高覆盖次数，就只能在横向上考虑了，排列片的宽度同样会受到最大炮检距的限制。如果在排列片的纵横向均采用最佳接收长度，即全三维式的正方形排列，由于反射点与排列片的带状不同呈圆形，而存在排列片的四个接收角区的排列基本上为无用道，这样就会造成浪费，宽三维观测系统也会出现同样的问题。因此在设计观测系统时，应当考虑一个最佳的经济适用平衡点。除此之外，并不希望采用较长的接收列进行接收，因为在有足够的信噪比的情况下，近炮点的接收排列的分辨率比远排列的分辨率高。

（3）最小炮检距

最小炮检距指接收排列的最小偏移距离。原则上，最小炮检距应当足够小，最大不能超过浅层目的层的深度，以便保证对浅层目的层有适当的覆盖次数。近道受到震源和面波的影响比较严重，但为构建表层的 P 波和 S 波静校正速度模型，通常选择 0.5 个道间距。

（4）偏移距

偏移距的选择应以处理时能将信号从干扰中分离出来为目的，因此，它与有效波和干扰波的差异情况有关。一般来讲，都以能压制多次波及避开震源干扰为主要考虑对象。

（5）覆盖次数

高分辨率资料采集的重要任务之一就是要提高高频信噪比。叠加振幅特性曲线中压制带的平均值的大小与叠加次数有关系，叠加次数越高，压制平均值越小，压制效果越好，所以增加叠加次数对于提高信噪比是有利的。在多次覆盖中，覆盖次数对分辨率的影响主要反映在信噪比上，因此，覆盖次数应根据记录的原始信噪比和地质任务对剖面信噪比的要求来确定，并不是覆盖次数越多越好，因为在资料采集中使用了较多覆盖次数以后，一旦在资料处理过程中存在速度误差，不仅低频响应加强，而且还有可能使多次波进入通放带而不受压制。另外，覆盖次数的具体选择还应将经济投入与生产成本结合起来综合考虑。

（6）接收线距

通常，人们根据 Fresnel 半径公式来确定纵波勘探的接收线距，一般在不大于纵波垂直入射 Fresnel 半径情况下，尽可能减小接收线距，小的接收线距有利于 CCP 覆盖次数的分布。

（7）最大非纵距

对于三维观测系统，非纵观测和纵向观测的共中心点存在时差，不同的非纵距有不同的时差，其叠加速度也不同。非纵观测误差随地层倾角和非纵距的增大而增大。非纵距原则是保证三维资料来自同一面元内不同非纵距及方位角的道在整个道集内能同相叠加。

3. 接收参数

由多个检波器组合在一起进行接收，是为了增强接收地震信号的能量，同时能够很好地压制随机噪声。对于环境的噪声干扰（如刮风、跑车等），可将检波器埋置到表层 20~30 cm 处来避开环境噪声干扰。在实际勘探中，存在多种规则的干扰波（如面波、折射干扰、侧面障碍物反射等），其干扰波特点是具有一定的方向、能量、视速度和视波长。这些规则干扰波如果不在接收过程中被压制掉,那么在后续的处理中就无法将其剔除,从而影响最终地震资料的品质。要压制规则干扰波,首先必须了解干扰波的特点,可采用方形排列的接收来调查干扰波的方向及速度等特性,然后计算组合距参数,原则是在保护有效波不被压制的条件下,最大限度地压制干扰波。最后,根据干扰波的方向和视波长,设计出最好的组合图形,使干扰波得到压制。同时,也应考虑野外施工的可操作性。

四、提高地震资料品质的激发与接收方法

(一)地震地质条件

不同的地震勘探工作地区,地质构造、沉积地层、地表等条件均不同,会对地震勘探的地质效果产生很大的影响。在实际生产中,地震勘探能否在某个地区应用、采用什么方法和技术取决于该地区的地震地质条件。这是地震勘探的地质基础问题。

就地震地质条件而言,本身并不是绝对的、静止的,它是随着震源、仪器和方法的改进而变化的,是一种相对的、发展的概念。地震地质条件的难易又是随着勘探的目的、对象的改变而发展的。数据采集、资料处理以及地质解释方面的效果很大程度上受到地震地质条件的影响。

地震地质条件十分复杂。一般称潜水面以上表层与地貌有关的部分的状况为表层地震地质条件,与地质剖面深部有关的部分的状况称为深部地震地质条件。适宜的激发层位的选取主要取决于该区的地震地质条件,尤其以表层地震地质条件为主。

1. 表层地震地质条件

表层地震地质条件是指潜水面以上表层地质剖面的性质和地貌特点。它主要影响地震波的激发、接收条件及地震波的传播。表层地震地质条件主要包括

低速带的特性、表层潜水面的情况、浅层地质剖面的均匀性，以及地表地貌和构造条件等。

（1）低速带的特性

地表附近的岩层由于风化而变得比较疏松，地震波在该岩层中的传播速度很低，因此被称为低速带。由于低速带的存在，使深部传上来的地震波射线向界面法向偏折。因此在地表附近，纵波所引起的介质质点位移几乎垂直于地面，有利于用垂直检波器进行纵波勘探。

地震波在低速带中传播时传播速度较低，因而地震波在低速带中的旅行时间比无低速带存在时要长。如果低速带厚度是均匀的且厚度不大，地面上各观测点接收到的反射波都晚到同一个时间值，这时利用反射波的时间信息来研究地下地质构造的相对形态一般是不会产生影响的，进行低速带校正也比较容易。若低速带厚度分布不均匀，速度在横向上变化很大，致使各观测点接收到的地震波到达时间差异很大，此时若利用反射波时间信息来研究地下构造形态就会产生失真现象。因此，在地震工作中必须调查和收集低速带速度和厚度的资料，在资料处理中做必要的校正，消除低速带对构造失真的影响。

低速带岩层十分疏松，对地震波具有较强的吸收作用，尤其对波的高频成分有很强的吸收作用，导致波的频谱变低，能量变弱，故在低速带内很难激发出较强的地震波。如在西北黄土高原上，低速带（黄土）厚达一百米，在浅井中激发地震波，大部分能量都被黄土吸收。下传能量很小，以致得不到地下反射界面的反射。这种情况即使是在浅井中加大炸药量也无济于事。要克服这种影响，只有在低速带以下激发才行。

低速带的底界面往往是一个良好的反射界面，容易产生多次波干扰。同时这个面往往也是一个基岩面，是一个速度界面，浅层折射法就是利用这一特性来进行的。

一般来说，地质结构简单、地层倾角不大的地区，低速带变化不大；在褶皱强烈、构造复杂、地层倾角大的地区，低速带变化大，会造成复杂的干扰背景。

（2）表层潜水面的情况

潜水面一般指低速带的底界面，而低速带一般指的是不含水的风化带。当风化层中含有饱和水时其速度会增大，因此地震勘探中所指的低速带与地质上的风化壳并不完全一致。

国内外地震勘探实践证明：震源在埋藏较浅、含水较丰富的潜水面中时，激发出的地震波的频谱成分十分丰富，其能量较强，故能获得较好的地震勘探效果。这主要是由于潜水层是良好的弹性体，激发后容易形成弹性振动，从而获得所需要的地震波。同时，潜水面浅易于钻井。

（3）浅层地质剖面的均匀性

浅层地质剖面是否均匀对有效开展地震工作有很大的影响。如果浅层存在岩性差异很大的地质层位，如高速层，则这种层位是很强的反射层。强反射层的存在，使下传的地震波遇此界面，能量大部分被反射回地表，透射波能量很弱，以致不能得到中深层反射，也不能用折射波法研究更深处的速度低的地层，影响对下部地层的勘探。地震勘探把此现象称作"高速层的屏蔽"。

（4）地表地貌和构造条件

地貌条件对地震波的激发和接收都有很大的影响。在地形变化不大、开阔平坦的地区施工，地震波的激发和接收都较为有利；在地形变化较大、沟壑纵横的地区，地震波的激发、接收都将受到影响。

例如在地形高差变化大的地区，激发点位置高，地震波的传播时间长；激发点位置低，地震波的传播时间短。由于采用多道接收，各道接收点的位置、高差影响，将使相邻道反射波到达时间有时差。必须用静校正的办法来消除地形对这部分地震记录的影响，否则将会造成解释构造形态的失真。

在测线附近有深沟、直立断面时，记录上还会出现侧面反射波，它可以干扰有效波，对地震勘探不利。

在地表构造简单、地层倾角小、出露岩性比较稳定、无地面断层出露的地区，一般能得到较好的地震记录，对地震勘探有利。反之在地表构造复杂的地区，往往得不到良好的地震记录，甚至得不到有效波记录。因此，在野外实际工作选择激发、接收条件时，应尽量避开地面地层倾角太大，断裂带、高陡构造的顶部，甚至直立、倒转的地区。

2. 深部地震地质条件

地震勘探的质量除了与表层地震地质条件有关外，还与深部地震地质条件有关。深部条件关系到利用地震方法来解决地质构造的效果。下面简单介绍几种深部地震地质条件较好的情况。

（1）地震层位和地质层位一致

地震层位指的是反射界面，即波阻抗界面或速度界面，它是一种物性界面；地质层位指的是岩性或古生物分界面，通常二者是一致的。地震勘探中通过对物性界面埋藏深度及其起伏形态的研究，也就达到了对岩性界面的研究，从而可以解决地下的地质构造问题。不能说所有的地震界面都是地质界面，有的地区相邻地层层位的物性差别很小，不易形成反射波；而同一地质层位由于岩性变化，有可能形成反射波，从而造成地震层位不一定是地质层位。这是地震工作者在地震勘探中需要注意的问题。

同地质层位一致或相差一个常量的地震层位对地震勘探是有利的，特别是与石油和天然气有关的地震层位是我们寻找石油和天然气的目的层。

（2）具有较好的地震标准层

地震标准层指的是能量较强，能在大面积范围内连续稳定追踪其地震波的层位。它具有较明显的运动学和动力学的特征，它与所要勘探的含油气地层或勘探目的层有着密切的关系。地震标准层和地质标准层一样，具有重要的意义，利用它可以对比连接地震层位、控制构造形态等。

（3）没有高速度的厚地层

在速度剖面中，高速厚地层对地震勘探不利，特别是对反射波法勘探来说会造成屏蔽作用，使勘探深度受到限制。高速厚地层因波阻抗差太大导致反射系数大；能量在该层顶界面上大部分被反射回地面，不能很好地向下传播，因而不能得到深层反射。

(4) 地震界面的倾角较小

实践证明，界面的倾角在 40°~50° 时，对反射波勘探是不利的。因为界面倾角太大，将导致射线出射点离震源较远，这样会给野外施工带来不便。

(二) 激发条件与方式

地震记录质量的好坏，在很大程度上取决于地震波的激发和接收条件。

1. 地震震源

地震勘探是用人工方法激发地震波的，因此对激发地震波的震源有一定的要求。首先，激发的地震波要具有足够的能量。地震波从震源出发，传播到地下各反射面上，再反射回地面某一接收点，期间地震波损耗了大量的能量，若震源不具备一定的能量，地面接收点将无法接收到地震波。其次，激发的地震波应具有较宽的频带（含有丰富的频率成分）、显著的频谱特性和较高的分辨能力。第三，在震源参数不变的情况下，多次激发的地震记录具有良好的重复性。

在陆上地震勘探中，震源基本上分为两大类：炸药震源和非炸药震源。虽然炸药震源是一种理想震源，但炸药震源的使用有它的局限性，如不宜在工业区和居民区使用，在严重缺水地区（如沙漠地区）以及低速带厚（黄土高原等）的地区等使用炸药困难。为克服炸药震源使用的局限性，研制开发出了各种用途的非炸药震源，主要有重锤震源、电火花震源、可控震源、空气枪震源和蒸汽枪震源。重锤震源、电火花震源、可控震源主要用于陆上地震勘探；空气枪震源和蒸汽枪震源主要用于海上地震勘探。目前陆上地震勘探使用最普遍的非炸药震源是可控震源。下面简单介绍几种常见的震源。

(1) 炸药震源

炸药是一种化学物质或化学混合物，例如地震勘探中常用的 TNT（2，4，6- 三硝基甲苯）和硝氨。由于它所激发的地震波具有良好的脉冲特征以及具有高的能量等优点，而被认为是一种理想的震源。炸药震源自 20 世纪 20 年代开始就一直作为激发地震波的主要震源，我国华北地区主要使用炸药震源。炸药是通过雷管引爆的,从输入电流到炸药爆炸,时间非常短暂,仅需 2 ms。以雷管线断开作为爆炸计时信号,表明地震波已被激发并开始传播。

在野外施工时,通常将炸药装在圆柱状塑料袋内密封后置于井中引爆。为了使爆炸能量集中下传,增大激发地震波的能量,同时又方便施工,人们研制了聚能弹、土火箭、爆炸索等各种成型炸药,这大大提高了激发地震波的效果。

普通高爆速药柱主要技术指标为:主装药密度≥1.4 g/cm³,爆速≥5 800 m/s,装药直径为 45~60 mm。聚能震源弹是利用聚能原理和高爆速炸药爆炸后形成能量集中的定向巨大冲击力,主要技术指标为:主装药密度≥1.6 g/cm³,爆速≥7 000 m/s,装药直径为 85~180 mm,装药量为 0.15~2.00 kg。

(2)落重法或机械撞击震源

落重法是一种最古老的非炸药震源。它是把几吨重的大钢块用链条吊在一种专用汽车的起重机上,然后让其加速下落撞击地面而产生地震波。海上地震勘探可利用机械撞击震源(称为水锤),它的原理是空气活塞把放在水中的一或两块钢块突然推开,水冲入板后或板间形成的空穴,由水的冲击作用产生冲击波。这种震源的最大缺点是可产生能量很强的干扰面波。

(3)地震枪

地震枪工作原理是利用弹内火药燃烧产生的高压气体来推动实心弹丸垂直撞击地面(作用力是一种冲量),产生震动形成地震波。地震枪是一种脉冲震源,具有良好的激发一致性,其延迟误差小于 1 ms。且地震枪体积小,质量轻,可人工搬运,适用于地表复杂区地震勘探的辅助震源。

(4)电火花震源

电火花震源是电火花产生器通过水中电极之间电流的突然放电来激发地震波。工作时,首先由发电机向电容器组充电,然后用一个特殊设计的开关把电容器接通到沉放在船尾海水中的电极上,通过电极之间的盐水放电,造成高热使水突然汽化产生迅速膨胀的蒸汽气泡;放电后又很快冷却,蒸汽气泡破灭而激发出压力脉冲，两者合并为总的声震源。该震源的特点是频率高（100~1 000 Hz）、分辨率高，主要用于海洋勘探。

（5）可控震源

可控震源亦叫作连续震动系统，是世界上使用最普遍的一种振动型震源。这种震源产生一个延续时间从几秒到数十秒、频率随时间变化的正弦振动，且产生的振动频率和延续时间都可以事先控制和改变。

由于可控震源所产生的信号频谱和基本特性可以人为控制，可以在设计震源扫描信号时避开某些干扰频率，还能针对地层对地震信号的吸收作用进行补偿，这是其他人工地面震源和炸药震源难以做到的，所以利用可控震源进行地震勘探可以得到足够的反射能量，信噪比和分辨率能够满足地质勘探需要。

2. 激发条件

激发条件是影响地震记录好坏的第一个因素，它是获得好的有效波的基础条件。如果激发条件很差，即使改进接收条件也无济于事。地震勘探中对激发条件一般有以下要求：激发的地震波要有一定的能量，以保证获得勘探目的层的反射波；要使激发的地震波频带较宽，使激发的波尽可能接近于 δ 脉冲，以提高分辨率；要使激发的地震有效能量较强，干扰波较弱，有较高的信噪比；在重复激发时，要有良好的重复性。

（1）激发岩性

激发产生的地震波能量和频谱在很大程度上取决于激发岩石的物理性质。一般情况下，将激发岩性分为以下三类。

Ⅰ类：含水黏土、泥岩、充水砂岩为良好的激发岩性；

Ⅱ类：中硬砂岩、较致密或欠饱和的黏土和泥岩为较好的激发岩性；

Ⅲ类：干燥黄土、干燥风成砂、硬质碳酸盐岩露头、淤泥层等为最差的激发岩性。

在Ⅰ类激发岩性中激发时，可使大量的能量转换为弹性振动能量，使激发的地震波具有显著的振动特性。在Ⅱ类激发岩性中激发时，大部分能量消耗在破坏周围岩石上，转换为弹性能量的不多。在Ⅲ类干燥黄土、干燥风成砂或淤泥层中激发时，产生的地震波频率低，大部分能量被疏散的岩层所吸收，转换为弹性振动能量的部分不多；而在坚硬的岩石中激发时，会产生极高的频率，这种高频的振动在传播中很快被吸收，造成激发的地震波能量不强。

（2）激发深度

对于反射波来讲，激发深度要选在地下潜水面以下 3~5 m 处激发，这样可以激发出适当的频谱，激发的能量由于潜水面的强烈反射作用而大部分向下传播，从而增强了有效波的能量。在潜水面以下过大的深度上激发，潜水面产生的下行波会构成陷波器，损失部分频率，降低分辨率。

（3）激发药量

应考虑下面几个方面的因素：激发点周围的岩性、要求的勘探精度、最小炮间距、仪器的灵敏度等，在这些因素不变的情况下，适当增加炸药量可以提高有效波的振幅。

大药量激发地震波是不利于提高地震勘探分辨率的；而药量小，高频的抗噪能力低，也不利于高分辨率地震勘探。

（4）爆炸能量与岩石介质的耦合关系

爆炸能量与岩石介质之间的耦合关系有几何耦合和阻抗耦合两种。

对于圆柱状炸药包来说，几何耦合的定义是：炸药包半径与炮井井孔半径之比乘以 100%。可见几何耦合度的大小表示出炸药包与井壁之间间隙的大小，几何耦合度是爆炸能量传导能力的量度。

所谓阻抗耦合就是炸药的特性阻抗（炸药的密度×炸药的起爆速度）与介质特性阻抗（岩石的密度×纵波传播速度）之比。阻抗耦合说明通过不同物质接触面传导能力的效率。例如，致密坚硬的岩石必须与密实的高爆速炸药相匹配才能产生良好的爆炸效果。

实际资料表明，在不同岩层中激发时，地震波的能量、频谱会有较大差异。

如在低速的疏松且干燥的岩石中激发地震波时，它的能量将被大量吸收，频率也降低；在致密坚硬的岩石中激发时效果也不够理想。实际经验是：湿润的含水性较好的塑性岩石为最佳介质。根据实际资料对爆炸岩石介质可分为三类。

①含水黏土、泥岩、充水砂层等为良好的爆炸岩性。

②中硬砂岩、较致密的或欠饱和的黏土和泥岩为较好的爆炸岩性。

③干燥黄土、干燥风成砂、硬质碳酸盐岩露头、淤泥层等为最差的爆炸岩性。

3. 激发方式

炸药震源的主要激发方式是井中放炮。采用井中激发需具有一定的井深，再加上一定的岩性就能激发出较强的反射波。其优点是：能减低面波的强度，消除声波对有效反射波的影响；使反射波具有很宽的振动频谱；加大深度反射能量；可以减少炸药用量，缩短爆破准备时间，加快野外工作进程。

其他激发方式还有：水中激发，土坑组合激发和空中激发等。

在海洋和水系发育的地区，可采用水中爆炸的地震波，实践证明，只有水深大于2 m时，才能采用水中激发；水深小于2 m时，一般得不到好的地震记录，并且炸药包沉放深度与炸药量有关。当炸药量较大，水深不够时，应采用组合爆炸。在浅水爆炸，应注意炸药包接触的岩性，要避免在淤泥中激发，在深水时，则应正确选择沉放深度，沉放深度过大，会因为气泡惯性胀缩而造成重复冲击，使记录受到严重干扰。

在表层地震地质条件复杂的地区，如沙漠，由于潜水面很深，钻井工作困难，只能在坑中激发，一般采取多坑面积组合的方式。多坑面积组合形式及参数，由干扰波的视波长和信噪比确定。坑中爆炸干扰波强、工作效率低、炸药消耗量大，因此，能采用井中爆炸的地区都不采用坑中爆炸。

（三）接收条件与方式

地震波的接收就是使用地震仪和检波器，采用合适的工作方法，把地震波传播情况记录下来。采用什么样的接收条件能有效地取得高信噪比、高分辨率的地震资料，这是地震勘探工作者所关心的问题。接收条件通常是指：地震仪器因素的选择、检波器的埋置条件和检波器组合参数的选择。

1. 对地震仪器的基本要求

（1）足够大的动态范围和自动增益控制功能

来自地下深处的有效波到达地面时，引起的振动位移是相当小的（只有微米数量级），且在一般情况下浅层有效波的能量总是高于深层的，有时可达十几万倍以上。为了能将地下各层能量悬殊的有效波显示在同一张地震记录上，地震仪器不仅应有足够大的动态范围而且还必须有自动增益控制功能。

（2）频率选择功能

在地面上接收地震波时，除有效波外，还有许多尚未被压制的干扰波，有时它们的强度会超过有效波。为了在地震记录上提高信噪比，地震记录仪必须具有频率选择功能，以便借助频率滤波来压制干扰。

（3）良好的分辨能力

在一个地区的地层剖面中，很可能存在着两个相距较近的反射界面。当地震波从这些界面上反射到地面上同一接收点时，它们的时差大于反射波持续时间时，在地震记录上是可以分开两个反射波的；当它们的时差小于反射波持续时间时，反射波会首尾相接或彼此叠合而无法辨认下层的反射波，或者说下层反射波的到达时间无法读出，此时分辨不出两个邻近的反射界面。

（4）多道装置

根据地震勘探技术的特点，要求地震仪有多道装置，以便提高生产效率。不仅如此，还要求多道装置具有较好的一致性，这样在地震记录上出现波形异常时不至于具有双解性。

（5）能适应各种地震野外工作条件

为了适应各种各样的地震野外工作条件，要求地震仪器要轻便，性能稳定且耗电量少，操作简单，并且维修方便。

2. 检波器的埋置

实际生产中常常见到检波器的埋置条件对地震记录的影响，若排列上各道检波器的埋置条件不一，在地震记录上的各道波形会有较大的差异。

在野外要尽量选择好埋置条件。物质越坚硬，谐振频率就越高。坚硬密岩石的谐振频率可达数百赫兹，而疏松土壤的谐振频率只有几十赫兹。埋置好检波器就是要使检波器与岩石、土壤接触良好，即紧密接触。

多年来的经验是在埋置检波器的地方及其周围去除杂草，使其整平；宜挖个面积不太大的 10~15 cm 深的小浅坑，然后用潮湿的土填平，再将检波器垂直插入其中。在排列上出现岩石露头时，应垫上潮湿泥土，再将检波器用土埋紧。在地表条件变化较大的地方，应将排列长度适当缩短，尽量使排列上的检波器安置条件相对单一。

对检波器的埋置要求可概括为："埋直又埋紧，插头不触地，接线不漏电，极性不接反，偏移要合理。"为了提高接收效果，应使检波器底面与大地紧密相接在一起，这样耦合的谐振频率接近耦合介质的谐振频率。当耦合的谐振频率高于地震信号频带时，耦合响应是高通的，对高频没有衰减作用，而耦合谐振频率的能量已由高截滤波器滤除，不会影响地震记录；当耦合简谐振动频率在地震信号频带范围时，严重干扰信号，引起信号的相位增多，发生震荡现象，降低分辨率；当耦合谐振频率接近某个噪声频率时，会使噪声增强，降低信噪比。因而必须使检波器与坚硬的土壤接触紧密，使耦合谐振频率高于地震信号频带，从而组成一个阻尼较好的振动系统（即检波器与土壤耦合得好），以提高对波的记录能力和分辨能力。

3. 检波器组合的选择

（1）有效波和干扰波的差别

为了提高地震勘探的精度，完成在各种复杂地区的勘探任务，如何突出有效波，压制干扰波是一个极其重要的问题。有效波和干扰波的差别主要有以下几个方面：有效波和干扰波在传播方向上可能不同，例如水平界面的反射波差不多是垂直地从地下反射回地面的，而面波是沿地面传播的；有效波和干扰波可能在频谱上有差别；有效波和干扰波经过动校正后的剩余时差可能有差别；有效波和干扰波在它们出现的规律上可能有差别，例如风吹草动等引起的随机干扰的出现规律就与反射波很不相同。

（2）地震检波器组合法

组合法是一种利用有效波和干扰波在传播方向上的差别和统计效应来压制干扰波的方法。目前在生产中主要是采用野外检波器组合，即在野外多个检波器以一定的形式（线性——沿地震测线或垂直测线；面积——圆形、星形、菱形）埋置在测线上，把接收到的振动叠加起来作为一个地震道的信号。

确定检波器组合参数的方法和步骤如下。

①干扰波调查：要压制干扰波，就必须对干扰波有所了解，如干扰波的视速度、主周期、道间时差（与视速度有关）、随机干扰的相关半径等。此外还要了解工区内有几组干扰波，出现的地段，强度变化特点与激发条件的关系。

②理论分析和计算：根据有效波和规则干扰波的视速度、视周期等，假设一些组合参数（检波器的数目、组内检波器间距等），计算组合的方向特性，选择能使有效波落在通过带、干扰波落在压制带的方案；估算组合的统计效应，考虑能否满足组内检波距大于随机干扰的相关半径这一条件。

③生产试验：把理论计算的方案用于野外生产进行试验，根据试验结果对方案进行修改。

（四）提高页岩气地震资料品质的采集方式

小药量、高主频的参数对页岩气勘探目的层的贡献十分巨大。因此，在页岩气地震勘探中，首先必须搞清楚目的层的反射时间及深度，针对不同深度，做模拟分析，找出最有利的激发参数，用试验验证，前期大量的试验是确保得到较好的目的层资料的重要保障。

相对常规油气勘探，页岩气勘探目的层埋深一般较低，在地下高陡构造带，采用加大排列长度的观测系统，能够较好地获得高倾角的有效反射信息。对于岩性平稳地带，适当减少排列，减小道距，提高覆盖次数，同样可以获得较好的资料并达到降本增效。

应合理布设炮点和检波点，利用实际障碍物调查结果来进行观测系统设计和炮检点的布设，应用测量成果进行布设，分析实际测线的覆盖次数、炮检距分布等属性，保证理论和实际观测系统最大程度的一致性。

针对生产中遇到的各种情况可进行观测系统的调整，对炮点进行小范围的移动和偏移，保证观测系统的一致性。炮点移动后仍采用中间对称接收，同时炮点坐标必须实测，保证数据准确，尽量保证覆盖次数和炮检距的均匀性。

第二节　页岩气地震勘探资料处理技术

所谓地震资料处理，就是利用数字计算机对野外地震勘探所获得的原始资料进行加工、改造，以期得到高质量的、可靠的地震信息，为下一步资料解释提供直观的、可靠的依据和相关的地质信息。近 20 年来地震学的发展十分迅速，它从传统的模拟观测发展到高增益、大数据量的数字化记录，从二维到三维勘探，从叠后走向叠前，从常规浅层构造找油到现阶段的中深层乃至非常规勘探。另一方面，计算机科学技术的发展也使地震学发生了日新月异的变化，逐渐形成了一些不依赖计算技术的、相对独立的概念和方法。这些方法大部分是经典地震学中所没有的，有些方法虽然在经典地震学中已涉及，但只有在数字地震学发展起来以后才得以从理论变为现实。地震资料处理是 20 世纪 60 年代以来，随着信息科学和计算机科学高速发展而出现的一门新兴学科，它把信号用数字或符号表示的序列，通过计算机或专用的信号处理设备，用数字的数学计算方法处理，以达到提取有用信息、便于应用的目的。地震信号带来了地下介质的信息，使用现代信号处理方法分析地震信号，将有助于提取地球内部介质的信息。

一、保幅高分辨率地震资料处理技术

随着勘探难度和要求的不断加大,地震资料的深度、面积和密度逐渐增大,对油藏的描述和储层预测的精度也越来越高,这就对地震资料保幅处理和高分辨率的要求不断提高。本章节在梳理地震资料处理基本概念和流程的基础上,重点介绍了与保幅高分辨处理相关的技术问题。

(一)地震波传播机制

1. 地震波的形成与实质

要了解地震波的形成过程,我们不妨先回顾一个常见的生活实例。如果把一块石子投入平静的水池,就会在水面上以落石点为中心形成圆环状波纹,并且逐渐向外传播出去,这种行进中的扰动就是水面波。如果细心观察浮在水面上的一块小木块,就会发现,当波通过时,木块只是近似地上下浮动,并不随波前进。可见受到石子外力作用时,由于重力和液体表面张力的作用,落石处部分水滴首先开始振动,同时又使其相邻部分水滴相继振动,并依次将振动往外传播出去,这就是水面波动形成的过程,水面波通过水介质传播,但水滴并不随扰动前进。

在目前的地震勘探中,激发波动的"石子"一般是炸药,传播波动的是地层介质。用炸药爆炸方式激发地震波的机理虽尚未完全被揭示,但已经可以将爆炸时形成地震波的物理过程做一个初步的说明。

当炸药爆炸时,产生大量高温高压气体,并迅速膨胀形成冲击波,以上万个大气压的巨大压力作用于周围岩石。这个作用力是个瞬间起作用的脉冲力。在其作用下,靠近震源附近的岩石因所受压力远超过抗压强度而被破坏,形成一个球形破坏圈。圈内岩石质点具有很大的永久位移,常形成以震源为中心的空穴。爆炸产生的部分能量在压碎岩石和发热过程中消耗掉。随着离震源中心的距离 r 的增大,爆炸能量将传递给越来越多的岩石和地质单元,因而冲击波能量密度随着波的传播而迅速衰减,以致岩石所受压力小于其抗压强度,但仍超过岩石弹性限度，使岩石质点仍产生一定的永久位移，从而形成塑性形变（辐射状及环状裂隙），这个区间叫塑性形变带。

在塑性带以外，随着传播距离 r 的继续增大，冲击波的能量密度继续明显衰减，使岩石所受压力降低到弹性限度之内，形变和应力很小，作用时间又很短促，岩石就具有完全弹性体的性质，其质点受激而产生弹性位移（形变），同时也就发生与之对抗的应力，使质点产生反向位移，从而使质点在平衡位置附近形成弹性振动。在塑性带外面的区域就是所谓的弹性形变区。

2. 地震波的动力学特点

弹性波动力学问题主要是研究波动的能量问题，这实际上就需要对波动的形状和强度变化、周期大小与激发状态和介质条件的关系作全面的研究。因此，研究波的动力学问题就成为地震勘探中的一个基本问题。

（1）地震波的描述——振动图和波剖面图

地震波的振动特征和传播过程，可以通过数学物理的方法和图形的方法等来进行描述。由于数学物理方法需要做较多的数学推演，在实际工作中则常用一些比较直观的、简便的图形方法来描述。现就几种常用的描述地震波的方法和有关概念介绍如下。

①振动图。当地震波从爆炸点开始向各个方向传播，利用检波器和地震仪记录由于地震波的到达而引起地面质点的振动情况，就得到地震记录，其中某一条曲线就是波到达某一检波点的振动图。因此，振动图又叫地震记录道。

地震勘探中，地震波从激发到地面接收到反射波，最长时间只有 6 s 左右，波在传播中振幅也是可变的。这种延续时间短，振幅可变的振动区别于普通物理学中所讲的周期振动，称为非周期脉冲振动。对非周期振动可用视振幅、视周期和视频率来描述它。

视振幅即质点离开平衡位置的最大位移。振幅大表示振动能量强，振幅小表示振动能量弱，根据波动理论，可以证明振动能量的强弱与振幅的平方成正比。

②波剖面图。振动图只反映了地面某一质点的振动情况，而波剖面图则反映了波在传播过程中，在某一时刻整个介质振动分布的情况。

假设地下是均匀介质（即波速＝常数），在 O 点爆炸后，地震波就从这一时刻向各方向传播。如果某一时刻 tK 所有刚开始振动的点连成曲面，这个曲面叫作该时刻 tK 的波前；而由 tK 时刻所有逐渐停止振动的各点连成的曲面，叫作 tK 的波尾（或波后）。波前表示某一时刻地震波传播的最前位置。根据波前的形状，可以把波区分为球面波和平面波。

为了把在某一时刻 tK 波在整个介质中的振动分布情况表示出来，用横坐标 x 表示通过震源 O 的直线上各个质点的平衡位置，纵坐标 u 表示在 tK 时刻各个质点的位移。将各质点位移连成曲线，所得到的图形即为波剖面。

在波剖面图中，最大的正位移的点叫作波峰，最大的负位移的点叫作波谷。

（2）地震波的频谱及其分析

前面谈到质点的振动，只经过一个短暂时间 Δt 振动之后就逐渐停止下来，这种现象表明，由爆炸所引起的质点振动是一种非周期性的瞬时振动即脉冲振动。根据振动的数学理论（傅里叶变换—傅里叶级数）可证明：脉冲地震波这样一个复杂非周期性瞬时振动，可以被看作是无限多个不同频率、不同相位、不同振幅的谐和振动的复合振动。

将脉冲地震波分解为无限个上述谐和振动的过程就是地震波的频谱分解。任一脉冲地震波都可以用数字电子计算机很快实现频谱分解。

各种不同震源激发的地震波，或来自不同传播路径的地震波，其波形往往是不同的，也就是说波的频率成分是不同的。地震波频谱特征的分析是地震勘探技术的一个重要方面，如根据有效波和干扰波的频段差异，可用来指导野外工作方法的选择，并为数字滤波和资料解释等工作提供依据。

（3）波的吸收和散射

波在介质中传播时，由于波前面的逐渐扩大，能量密度减小，使振幅随距离而衰减，称为几何衰减。但是，由于地质介质的非弹性性质，致使波在传播过程中的衰减比在弹性介质中大，由于介质非弹性所引起的衰减现象称为吸收。波在致密岩石中吸收现象较弱，在疏松层中吸收作用表现很明显。吸收系数还与波的频率有关，一般介质对高频的吸收作用比低频强。由于各种岩石的吸收性质不一样，因此，可根据吸收系数的测定结果来确定岩石的性质。

当介质中存在着不大于波长的不均匀体时，由于绕射的作用，会形成往各方向传播的波，称为散射。散射的结果使波的高频成分减少，这与吸收作用效果类似。

3. 地震波的运动学特点

目前，在生产实践中主要利用地震波波前的空间位置与其传播时间之间的关系，从空间几何形态方面去解决地质构造问题。地震波在传播过程中，波前的时空关系反映了质点振动位相（时间）随空间坐标及波速的分布特点，这种特点叫作地震波运动学特点。研究地震波运动学特点的理论叫作运动地震学。它的基本原理与几何光学很相似，所以又被称为几何地震学。

弹性波运动学在地震勘探中具有重大的实际意义，它是当前地震勘探资料解释中的主要依据。弹性波运动学的基本原理是惠更斯原理和费马原理。利用它可以确定波的传播时间与波所在空间位置的关系。

（1）费马原理（射线原理）

波的传播除了用波前来描述外，还可以用射线来描述。所谓射线，就是波从这一点到另一点的传播路径，波沿射线传播的时间和其他任何路径传播的时间比起来是最小的，这就是费马的时间最小原理。用射线来描述波的传播，往往使问题的讨论更为简便了。

在均匀介质中，因为波的传播速度各处都一样，其旅行时间取决于射线路径的长短，波从这一点传播到另一点，其最短的射线路径是直线，所用的时间比其他任何路径都要小。在地震勘探中，在均匀介质的假设条件下，射线为自震源发出的一簇辐射直线，射线恒与波前垂直。对于平面波，它的射线是垂直于波前的直线。

用射线和波前来研究波的传播，是一种用几何作图来反映物理过程的简单方法，它只说明波传播中不同时刻的路径和空间几何位置，不能分析能量的分布问题，所以称之为几何地震学，在地震勘探的基本原理、方法及资料解释中常用这种方法来分析地震波场的特征。

（2）惠更斯原理（波前原理）

为了进一步了解波前的运动过程，举例说明下列常见的现象。对于理解波的传播过程，惠更斯原理非常重要，并常用于绘制连续的波前。惠更斯原理的定义是，在波前面上的任意一个点，都可以看成是一个新的震源，其中隐含的物理意义是，在同一波前面上的每一个质点，都从它们的平衡状态开始，基本上以同一方式振动。因此，在其相邻质点上，弹性力会由该波前的振动产生变化，因而会迫使下一个波前的质点运动。这样，惠更斯原理就能解释扰动怎样在介质中传播。更具体一点说，对于给定的某时刻波前的位置，把该波前的每一个质点都作为新的震源，可以确定将来某一时刻波前的位置。

（3）惠更斯—菲涅耳原理

在前面的讨论中，我们只研究了波前或射线的时空关系，未涉及波动的本性——波的干涉和衍射。

19世纪初，菲涅耳以波的干涉原理弥补惠更斯原理的缺陷，将其发展为惠更斯—菲涅耳原理。它的基本思想是：波在传播时，任意点 P 处质点的振动，相当于上一时刻波前面 S 上全部新震源产生的所有子波相互干涉（叠加）形成的合成波。这个合成波可以用积分进行计算。由对 P 点合成波进行的数学计算可以证明：波在传播时，t 时刻波前上各新震源产生的子波在前面任意新波前处，发生相长干涉，而出现较强的合成波；在后面的任意点处，发生相消干涉，合成波振幅为零，使倒退波实际不存在，因而使理论与实际完全一致了。

根据惠更斯—菲涅耳原理，研究者不但可以研究波的运动学特点（波前或射线的时空关系），而且可以研究波的动力学特点（波的能量随时空的分布规律）。这样全面地研究地震波的全部物理学特点的理论被叫作物理地震学。

生产理论和实践证明，在复杂的多断层地区，用物理地震学可以提高地震勘探工作的精度。

在地震波波长 λ 与弹性分界面的尺度 a（长度或宽度）及界面埋藏深度 h 相比不能近似为无限小的情况下，几何地震学的一些定律（如波沿射线传播或波的能量沿射线传播等）就不是完全精确的。

由惠更斯原理和费马原理可以推导出波动的斯奈尔定律（反射—折射定律），其内容早已为读者熟悉。因为它们是几何地震学中最常用的基本定律，所以这里只做简要的介绍。

（4）斯奈尔定律

在几何光学中，当光线射到空气和水的分界面时，会发生反射和折射，并服从斯奈尔定律。地震波在地下岩层中传播，遇到弹性分界面时也会发生反射、透射和折射，从而形成反射波、透射波和折射波。地震勘探中所说的透射波是指透过界面的波（相当于几何光学中的折射波），所说的折射波是一种在特殊条件下形成的波。

（二）时间域预处理流程

地震信号处理在数字地震的发展中占有相当重要的地位，下面就介绍地震数字处理的基本内容。地震勘探资料数字处理的任务就是改造野外地震资料并从中提取有关地质信息，为地震勘探的地质解释提供可靠资料。地震勘探资料数字处理工作是在配备有数字电子计算机、地震勘探资料处理软件系统和有关仪器设备的计算站中完成的。地震勘探资料处理软件系统是由许多模块组成的，每个模块都用于一个具体的处理任务。人们灵活地调用各个模块以组成各种地震勘探资料数字处理的流程。任何一种流程都是由预处理、若干个实质性处理模块和显示三部分组成的。下面以这个流程为中心，简单介绍一些概念和方法。

1. 预处理

预处理的目的是把野外磁带上的数据变得更适合进行后面的逐项处理。预处理的结果往往重新记录在另外的磁带上。对数字磁带记录所进行的预处理包括解编、真振幅恢复、不正常炮和不正常道的处理、切除、抽道集、提高地震记录信噪比、分辨率的处理和一些修饰处理。由于地震记录输入、输出计算机时的数据排列方式与处理时要求的排列方式不同，所以在预处理中需要通过解编把数据重新排列。其实解编就是矩阵的转置。

观测系统：模拟野外，定义一个相对坐标系，将野外的激发点、接收点的实际位置放到这个相对的坐标系中。

置道头：观测系统定义完成后，可以根据定义的观测系统，计算出各个需要的道头字的值并放入地震数据的道头中。当道头置入了内容后，我们任取一道都可以从道头中了解到这一道属于哪一炮、哪一道，CMP 号是多少，炮检距是多少，炮点静校正量、检波点静校正量是多少等。

不正常炮是指废炮或者缺炮。为了消除不正常炮记录对处理的影响，避免记录对应关系的混乱，在输入时把它们作为哑炮处理。目前，要求在记录输入计算机之前给出不正常炮的炮号。通过这项处理，把它们在计算机中对应的内存单元充零。不正常道指不正常工作道以及极性接反的道。目前一般要求在处理前给出这些道对应的炮号、道号。通过这项处理把不能正常工作的道所对应的数据充零，把极性接反的道所对应的数据符号颠倒过来。

地震记录的初至部分和尾部往往存在一些对于处理和解释有害的波。应该把它们"切除"，即把相应的数据充零。抽道集是把地震记录按某种原则进行排列，以便于进行某些处理。

2. 动静校正与倾角时差校正

野外地震记录上的反射波波至时间不仅取决于反射面的构造，而且与观测时的炮检距以及地表因素有关。

（1）静校正

静校正：利用测得的表层参数或利用地震数据计算静校正量，对地震道进行时间校正，以消除地形、风化层等表层因素变化对地震波旅行时间的影响。静校正是实现共中心点叠加的一项最主要的基础工作。它直接影响叠加效果，决定叠加剖面的信噪比和垂向分辨率，同时又影响叠加速度分析的质量。

静校正方法有：

①高程静校正；

②微测井静校正——利用微测井得到的表层厚度、速度信息，计算静校正量；

③初至折射波法；

④微测井（模型法）低频＋初至折射波法高频。

由于低、降速带厚度往往测不准，并有地震波在表层传播时，射线路径是垂直的假设等因素，使得野外一次静校正后不能完全消除表层因素的影响，仍残存着剩余的静校正量。提取表层影响的剩余静校正量并加以校正的过程，称为剩余静校正。剩余静校正量不能由野外实测资料求得，只能用统计方法从地震记录中提取，故也称为自动统计静校正。

（2）动校正

动校正，就是消除炮检距对于反射波波至时间的影响，获得能大致反映地下反射界面形态的时间剖面的一种处理方法。它是多次叠加和地震勘探地质解释的基础。在地表条件比较复杂的地区，为了获得高质量的时间剖面，必须经过静校正处理。动校正的目的是消除正常时差的影响，使同一点反射信息的反射同相轴拉平，为共中心点叠加提供基础数据。

动校拉伸畸变：动校正前，远道的信息较近道少，浅层的远道只有几个采样点，甚至没有。但动校正后，远、近道的采样点数是相同的，多出来的样点只能靠波形拉伸产生。实际处理中解决拉伸畸变的直接办法就是切除。

（3）倾角时差校正

倾角时差校正的必要性有以下两点。

①反射界面倾斜时，道集中同层反射信号并不是精确地来自同一个点，而是反射点发生了沿反射界面向上方向的离散。

②当不同倾角的倾斜界面同时存在时，在地震记录中，反射界面相互交叉。根据速度分析可知，叠加速度与倾角有关。此时两个反射同相轴的交点处的叠加速度是不同的，而实际提取速度时，同一点同一个反射时间只能使用一个速度，因此，只能舍弃其中的一个速度。速度被舍弃的反射同相轴叠加后能量被削弱，另一个反射同相轴能量被加强。

3. 速度谱、频谱和相关分析

速度谱和频谱处理的目的是从地震记录中提取地震波的速度和频谱信息。这些信息不仅为其他处理提供了参数，而且能直接用于资料解释。速度是地震勘探的重要资料。动校正、偏移、时深转换等处理都以它为参数，它还可以直接用来进行地质构造以及地层岩性的解释。传统求取速度的手段只有地震测井、声波测井、由观测到的时距曲线计算速度。由于共中心点多次叠加方法的问世及计算机在地震勘探上的应用，出现了速度谱。用它可以方便地进行速度分析，获得丰富、准确的叠加速度资料。

地震勘探所得到的记录中包含有效波和干扰波，这些波之间在频谱特征上存在很大差别。为了解有效波和干扰波的频谱分布范围，需要对随时间变化的地震记录信号进行傅里叶变换，得到随频率变化的振幅和相位的函数（地震记录的频谱——振幅谱和相位谱）。对地震波形函数进行傅里叶变换求取频谱的过程叫作频谱分析。

参数提取与分析的目的是寻找在地震数据处理中用的最佳处理参数及地震信息，如频谱分析、速度分析、相关分析等。这类数字处理还可为校正与偏移及各种滤波等处理提供速度和频率信息，并可以自成系统处理出相应的成果图件，如频谱、速度谱，通过相关分析进行相关滤波等。

有效波与面波、微震等干扰波在频谱上存在很大差异，利用频率滤波可以压制这些干扰波。但有些波与有效波的频谱重叠较宽，如多次波、声波等，采用频率滤波不能有效地压制这些波。

地震波的相关性是指它们之间的相似程度及其内部联系的紧密程度。地震勘探中相关运算可作为线性滤波的手段,另外相关更多的是用于地震信息的提取,例如自动剩余静校正中用互相关求取道间时差,所以要进行相关分析。

4. 数字滤波

地震记录上的有效波与干扰波往往在频率、波数或者视速度方面存在差异,数字滤波是利用这些差异来提高记录信噪比的数字处理方法。

由于大地的滤波作用,在一般的反射地震记录上,每个反射波不是一个尖脉冲,而是延续几十毫秒的波。地下反射界面有时只相距几十米甚至几米,它们对应的反射波到达时间仅相差几十毫秒,甚至几毫秒。在记录上,这些反射界面对应的反射波彼此干涉,难以分辨。大地的滤波作用降低了反射地震记录的分辨率。反滤波是压缩反射波延续度,可提高地震记录纵向分辨率的数字处理方法。它还可以用来压制多次波。数字滤波与反滤波都是地震勘探资料数字处理的重要内容。它们叠加前、后都可以使用。常规处理的核心是校正和叠加处理,它们可将野外获得的记录处理成能直接用于地质解释的水平叠加时间剖面。由于野外数据采集过程中不可避免地存在许多干扰,地震有效信息被它们掩盖,因此必须对资料进行提高信噪比的数字滤波处理。

目前突出有效波、压制干扰波的数字滤波,仍然是根据有效波和干扰波的频谱特性和视速度特征方面的差异,利用频率滤波和二维视速度滤波来区分它们。由于频率滤波只需对单道数据进行运算,故称为一维频率滤波。根据视速度差异设计的频波域滤波需同时处理多道数据,故又称为二维视速度滤波。

一个原始信号通过某一装置后变为一个新信号的过程称为滤波。原始信号称为输入,新信号称为输出,该装置则叫作滤波器。当一个信号输入滤波器后,输入信号中的某些频率成分受到较大的损耗,这种输出和输入信号的相应关系,就是滤波器特性的体现。

数字滤波可以在时间域内进行,也可以在频率域内进行。频率域滤波的表示方法是把地震信号分解成各种不同频率成分的信号,让它们通过滤波器,然后观测各种不同频率的信号在振幅和相位上的变化。这种随频率的变化关系称为滤波器的"频率特性"或"频率响应"。例如，振幅随频率的变化关系，称为振幅频率特性；相位随频率的变化关系，称为相位频率特性。

时间域内滤波特性的表示方法，是把一个单位脉冲通过滤波器，然后观测滤波器对单位脉冲的影响。滤波器的输出称为滤波器的"脉冲响应"，又称为"时间特性"或"滤波因子"。

脉冲响应是一个振幅随时间变化的函数，它的傅里叶变换就是滤波器的频率响应。对滤波器的描述可用脉冲响应，也可用频率响应，它们都是等价的。当输入信号为有限，输出信号也为有限时，这种滤波器就是稳定的。

5. 去噪处理

去噪处理贯穿于整个地震资料处理过程，在处理时很多步骤都可以针对不同的中间成果采用相同或不同的去噪技术，简要介绍如下。

（1）叠前噪声压制

干扰波严重影响叠加剖面的效果。因此，必须在叠前对各种干扰波进行去除，为后续资料处理打好基础。常见的地震资料干扰有：面波、折射波、直达波、多次波、50 Hz 工业电干扰以及高能随机干扰等多种情况。不同的干扰波有其不同的特点和产生的原因，根据干扰波与一次反射波性质（如频率、相位、视速度等）上的不同，把干扰波和有效波分离，从而达到干扰波的去除，提高地震资料叠加效果。

（2）叠后噪声压制的原因和目的

①虽然叠前进行了各种噪声压制，但对于一些能量相对较弱的噪声，仍难以识别和彻底压制，因此，叠加地震记录中仍然会有一些噪声存在，需要进一步压制，从而进一步提高地震记录的信噪比，也可以为进一步提高地震记录的分辨率奠定基础。

②经过叠后提高分辨率处理的剖面，会使一些高频噪声的能量抬升，降低地震资料的信噪比。因此，需要对高频噪声进一步压制。

③某些低信噪比资料，叠加后的地震记录难以追踪解释，需要提高信噪比，

增强连续性，以满足解释的需要。

（3）常用的叠后噪声压制方法

①随机噪声衰减——提取可预测的线性同相轴，分离出噪声，达到提高信噪比的目的。

②F、K域滤波——主要用于压制线性相干干扰。在F、K域中，线性相干干扰分布比较集中，范围较小，可以将其切除，达到压制线性相干干扰的目的。类似的还有F、X域滤波等。

③多项式拟合——基于地震道数据有横向相干性的原理，假设地震记录同相轴时间横向变化可用一高次多项式表示，沿同相轴时间变化的各道振幅变化也可以用一待定系数的多项式表示。首先通过多项式拟合，求出地震信号的同相轴时间、标准波形和振幅加权系数，然后将它们组合成拟合地震道。

④径向滤波——在定义的倾角范围和道数内，通过时移求出最大相关值所对应的倾角，然后沿这个倾角对相邻道加权求和，从而增强该倾角范围内的相干同相轴，虚弱随机噪声和倾角范围以外的同相轴，提高地震记录的信噪比。

6. 反褶积

反褶积也称反滤波，是将反射波处理成孤立的波，有抑制多次反射的作用。由于反射波被处理成孤立的波，有可能使分辨率提高。反褶积的效果取决于时窗长度和滤波长度，这两个参数也由有代表性的CDP集合试验确定。

实际上，由于吸收作用，地震激发的尖脉冲会变成一定延续时间的地震子波。地震子波到达地面同一接收点时将不能分开，相互叠加，形成复波，即实际反射地震记录。

（三）保幅高分辨率地震资料处理技术

地震勘探中，地震波经激发在地下传播接收，经历了地表、近地表的低、降速带的衰减，传播过程中的波前扩散和地层介质的吸收，地质界面的反射，地下存在的多次波等各种干扰波的干涉，地面接收时来自地表和空间的各种干扰波的干涉等。即勘探得到的地震单炮是经过数项"改造"后的地震波。在资料处理时把这些"改造"消除的同时而其他处理不"改造"地震波的振幅特征，这就是地震资料的保幅处理。由此可知，地震资料的保幅处理含有三个方面的内容：① 在恢复（或者补偿）地震波传播过程中被衰减、吸收和反射的那部分信息时，地震波的振幅特性保持不变；② 对地震波进行消除或衰减噪声干扰时，保持地震波的振幅相对关系不变；③ 在对资料进行其他处理时，不损害地震波的振幅相对关系。

地震剖面不能真正反映地下地质结构的细节，而需要进行后续的各种地震属性的提取。在这个过程中，振幅的真实性起着十分关键的作用。实际上，资料处理时保不保幅对构造解释而言关系不大，但对储层解释关系很大。但保幅不是保证振幅不变，而是保证空间相对振幅关系不做人为改变，这样，在岩性研究和储层预测解释时就不需要考虑处理"陷阱"了。地震资料噪声的存在和传播过程中分辨率的降低破坏了地震资料的保幅，因此，不进行去噪和提高分辨率处理的资料是谈不上保幅的。保幅处理可以获得分辨率较高、振幅特性良好的地震资料。将高分辨率地震资料中目的层段的地震反射结构与地质背景相结合，可以有效预测沉积微相。对波阻抗和层速度的研究可进一步评价储集性能。正、反极性瞬时相位剖面以及层拉平技术有助于对沉积微相反射结构的识别。这对页岩气等非常规能源的储集层识别和描述十分关键。

保幅处理是一个比较理想的处理流程。所谓保幅处理指的是经某个或某些处理过程之后，地震资料的振幅保持不变或成正比。对模型而言，模型中反射界面理论反射率与处理后同一界面的反射率相等或成正比。处理过程中，后面的处理能够有效地补偿前面缺失的有效振幅或地质层位，也应认为这种处理是保幅的，例如反褶积、时差校正、相位校正、速度修正、静校正与剩余静校正等。

实际资料处理中的提高信噪比与分辨率以及叠加偏移成像都应为保幅处理。但是绝对的保幅处理在地震资料处理中难以实现，因此，现行的实际资料处理都是相对保幅处理的概念。

1. 影响真振幅偏移的主要因素

(1) 传播效应

偏移就是要去掉传播效应，要进行真振幅偏移，就是要对几何扩散和反射系数随入射角的变化和透射损失等进行补偿。研究波场衰减为仪器设计和参数设置提供了参考、对高保真和高分辨率地震信息的精确接收十分有价值。反射波的波场损失主要包括三方面：发散损失、透过损失和非弹性衰减损失。波场传播衰减的研究对于指导爆炸和保真接收均有实际意义。

(2) 采集效应

对于复杂地区的三维地震数据采集有许多限制，常采用一些不规则的观测系统。对于盐丘或者是采集观测系统比较复杂的情况，还存在一些问题。不规则采集观测系统的采样是波场穿过地下构造复杂地区的扭曲相互作用而产生的。Chemingui 和 Biondi 认为不规则采样在偏移成像剖面上会留下印痕，消除印痕有两种不同的方法：一种是局部方法，它是权函数基于等效数据理论；另一种是全局方法，是加权真振幅偏移核的反演。为了计算合适的保幅叠前深度偏移的权函数，Philippe 等提出了地面道位置的几何研究。由此把上述两种方法综合成 3D 保幅叠前深度偏移方法。在这种方法中，保幅偏移的权函数包含了振幅补偿和采集观测系统补偿两大部分。对于采集观测系统补偿应该考虑道密度和采集效应。把一特定的密度权函数因子直接包含在偏移核中，这样就考虑了不规则采集的影响，由此能提高最终的保幅成像结果。

(3) 地震波的散射

利用统计不均匀二维介质研究对振幅的影响是依据广义的 O'Doherty Anstey 理论，这种方法是把散射损失引入到基尔霍夫（Kirchhoff）积分的权函数中，从而消除散射损失。权函数依赖于覆盖层的统计参数、信号的主频和其传播路径的长度。最复杂的是散射衰减系数的计算，它直接依赖于传播路径的长度。

（4）薄互层效应

在调谐频率以下，薄层的透射响应是低通的。一系列薄层，不管是否是周期性沉积，都存在一个相应的低通透射效应。薄层的反射响应是高通的，而透射响应是低通的。因此要想做到真振幅偏移必须考虑薄互层效应。薄层的波动方程法中，真振幅偏移是通过考虑薄层效应的改进型匹配滤波来消除 AVA 和相位畸变从而实现没有频散图像的真振幅偏移。由积分法与波动方程法之间的关系，可以在基尔霍夫型真振幅偏移中，通过考虑薄层效应，从而消除波的频散和振幅相位畸变，达到真振幅偏移的目的。

2. 保幅处理技术

资料处理过程中的处理步骤很多，保幅处理贯穿于整个处理过程。根据前面所述的地震资料的保幅处理含有的三方面的内容，提出如下几点在处理过程中应注意的保幅问题。

（1）振幅补偿与恢复

对于振幅补偿与恢复处理，常采用指数增益和球面扩散补偿。分析认为指数增益法，采用改变指数系数值，根据系列值的计算，以视觉效果确定增益值，这一补偿方法依据视觉效果计算简单、约束参量少，缺乏保幅依据，所以不能作为保幅处理使用。球面扩散补偿计算时考虑了时间与速度的关系等，体现了地层岩性不同速度的差异，因其保幅程度较高，在振幅补偿与恢复处理时应采用该方法。进行地表一致性振幅补偿时，要重点考虑振幅平台的选择。当需要多区块拼接时，应采用在整个资料内计算振幅平台，这样有利于区块间的振幅一致性。

（2）面波的衰减

低频面波干扰的处理是噪声处理中的重要内容。目前采用的方法有很多种，例如高通滤波法将低频成分滤掉，区域滤波法相当于区域内的高通滤波，这两种方法能够有效地滤除低频面波，但存在将有效的低频成分也被滤除的缺陷，对于保幅处理是不提倡使用的。频率波数域噪声衰减法（FXCNS）对消除面波很有效，但对面波以外的条件接近面波特征的成分也被消除了，这些成分往往也是地震有效成分，所以使用时应慎重。对于面波使用区域约束的频率波数域噪声衰减法和能量统计分解减去法既能较好地消除面波影响又能做到相对保幅，是提倡推广的方法。现提出了二维小波变换方法来去除面波。该方法能更好地保存记录中的有用信号，特别是无面波部分有效信号得到最大限度的保持，为后续能量补偿和振幅保真处理提供了保障，值得大家研究使用。

（3）异常振幅的衰减

对于较强振幅的噪声采用区域异常噪声衰减（ZAP）十分有效。该方法是基于地震数据的振幅统计计算，有绝对振幅、平均振幅、均方根振幅和绝对极大振幅四种振幅统计计算方法。处理时可以选择充零处理、高切处理、压缩平滑处理等。应根据资料存在的噪声特点合理地选用处理方式，当存在高强振幅的噪声时可采用充零处理，进行振幅相对小的噪声时可采用压缩平滑处理等，这样有利于相对振幅保持。

（4）随机噪声衰减

三维随机噪声衰减（3DRNA）和 τ–p 处理对资料存在的随机噪声衰减和增强波组连续性有较好的处理效果，但对资料的振幅存在一定的改造作用，保幅处理时应尽量避免使用。对于信噪比较低的资料，可考虑使用三维随机噪声衰减方法，但应尽量降低参与比率。τ–p 处理能够降低噪声增强同相波组的连续性，但对波形改造较大，更谈不上相对振幅保持了。小波阈值去除随机噪声方法值得探索。它是首先选择小波基和小波分解的层次，把信号 $f(i)$ 变换到 SWT 域；在 SWT 域对高频小波系数做阈值收缩处理；最后是根据第 n 层的低频系数和第一层到第 n 层的经过修改的高频系数，进行平稳小波反变换重建信号。

（5）滤波与增益

在资料处理中间过程中，尽量不使用 8~120 Hz 内的高低截频处理，因为滤波可使波形特征发生变化，该变化虽小但也会影响资料振幅的相对保持。在过去的偏移成像前自动增益均衡使用较多，由于增益处理不是相对保幅的，所以在现行的叠前时间或深度域成像时是不应使用的。叠后资料的滤波及增益均衡处理是必需的。均衡处理对层间的振幅修饰作用很大，但又不能不进行均衡处理。所以使用何种均衡方法以及均衡的参量，需要同地质解释专家进行结合与探讨，尽可能做到符合地质层系的特征。

（6）褶积与保幅

有人认为，资料经过褶积处理后，资料的波组和相位等会发生变化，那么反褶积是否可以保幅呢？前面提到了资料处理过程中，后面的处理能够有效地补偿前面缺失的有效振幅或地质层位，所以应认为这样的处理也是保幅的。因为处理过程中的反褶积不是单纯提高分辨率，而是对原始子波的恢复，是补偿记录中被吸收、扩散、衰减的那些频率成分。只要提取的子波是准确的，那么褶积处理就认为是保幅的。褶积方法有多种，如子波反褶积、地表一致性子波反褶积、预测反褶积、脉冲反褶积、同态反褶积等。实际中资料处理不论采用哪种方法，都要保证所使用的子波是合理的。实际资料中存在噪声，影响反褶积算子的求取，子波分辨的幅度是不保真的。反褶积过程中真实的地震子波和反射系数都是未知的。所以反褶积对子波的求取是非常重要的。有人研究出了盲反褶积方法，在一定程度上解决了子波求取相对准确的问题。基于井约束的子波反褶积方法，采用测井资料计算求取子波来约束修正地震处理子波，这一方法从振幅保持和有效提高资料分辨率来讲，是值得采用和深入研究的。

（7）保幅叠前偏移

叠前时间或深度偏移成像从理论上讲比叠后时间或深度偏移成像保幅性好。波动方程的偏移计算方法的保幅特性优于其他的计算方法，该方法是重点考虑使用的。另外值得注意的是，通常在进行叠前时间或深度偏移时，要考虑本方法是否使用了保持振幅的球面扩散处理，如果采用了并且在数据内已经进行了该项处理，必须将前面使用的球面扩散减掉，或者在偏移处理时调整有关参数，不要重复使用球面扩散处理。

3.高分辨率资料的处理原则

为了处理好一条高分辨率的地震剖面，我们尽量遵循以下九条处理原则。

①照顾高频：在整个处理过程中要照顾高频，分频处理更好。

②统一波形：激发、接收的子波波形要统一，否则胖瘦不一样的波形谈不上时间的对齐。这主要采用两步法反褶积（作 AVO 时可用地表一致性反褶积），还有反 Q 滤波等。千万不要用单道反褶积。

③对齐时间：做好静校正及动校正，要上下一个样点都不错。需要注意的是，只有波形一致，时间对齐了，才能使用去噪手段。

④提高信噪比：在不损害信号（尤其是高频信号）的基础上，尽量使用各种去噪手段，来提高各频段中的信噪比。倾角平缓时，尽量使用相邻道信息来抬信压噪。

⑤展宽频带：要用分频扫描来调查各频段在各处理阶段的信噪比的实际情况，并将信噪比大于 1（能看到同相轴影子）的频带，通过反褶积或谱白化尽量拉平抬升起来。

⑥零炮检距：可用多项式拟合，最好用"剔除拟合法"求纵波入射剖面，或用 AVO 流程求 P 波剖面。

⑦从井出发：对反射系数有色成分作补偿纠正，检查极性，试求子波，正确确定低频分量，做好波阻抗标定工作。

⑧零相位化：做好子波剩余相位校正。

⑨阻抗反演：波阻抗反演是高分辨率资料处理的最终表达形式。

二、地震偏移成像技术

地震偏移成像技术是现代地震勘探数据处理的三大基本技术之一，是在过去的古典技术上发展起来的，而另外两大基本技术（叠加、反褶积）是从其他相关学科中移植而来的。因此，地震偏移成像技术始终伴随着地震勘探技术而发展，从某种程度上说，标志着地震勘探技术的发展水平。从本质上说，地震偏移成像技术是利用数学手段使地表或井中观测到的地震数据反传播，消除地震波的传播效应得到地下结构图像的过程。地震勘探在很大程度上依赖于地震偏移成像技术的发展，即现代地震偏移成像技术的每一次革命，都会引发地震勘探技术跨越式的进步。因此，研究地震偏移成像技术的发展史，不仅有利于了解偏移成像本身的理论和技术进展，而且对于整个地震勘探发展史也会有更深入的认识。地震偏移成像技术在20世纪60年代以前是用手工操作的一种制图技术，只是用于求取反射点的空间位置，而不考虑反射波的特点；至20世纪六七十年代，发展为早期计算机偏移成像技术，用于定性和概念性地对反射波运动学特征进行成像；自20世纪70年代以来，地震偏移成像技术发展迅速，能够定量地对反射波运动学和动力学特征进行成像，并发展了各种偏移算法。下面按照地震偏移成像技术发展的三大阶段分别进行阐述。

三、全方位各向异性偏移成像技术

早在17世纪，就有人提出各向异性的概念，各向异性的理论基础之一是广义胡克定律。到了19世纪，人们开始对各向异性进行较为广泛的研究。20世纪二三十年代，各向异性的概念被引入地震学领域，当时在进行横波勘探中已经遇到利用现有地震波理论不能解释的横波分裂等现象，由此提出了地下存在各向异性介质的假设。进一步的研究发现，各向异性介质是普遍存在的。地下介质广泛存在各向异性的特性，地层各向异性与油气田的勘探开发及地球深部动力学系统等都有密切的关系。各向异性介质是一种具有使弹性波的传播随方向而异的物性介质。

同时，全方位地震数据在近年来也取得了长足的进步和应用。地表地震数据在页岩气成藏勘探中具有十分重要的作用。近来，通过提高成像质量、分辨率以及新的采出方式等手段可以获得丰富和广泛方位的地震工区。虽然石油天然气工业在这些丰富的地震采集的地表采样中取得了极大的进步，但是却没有在地下采样中获得相同的成绩。为了适应在传统和现代陆上和海上采集所具有的丰富的方位角信息，石油天然气工业已经开始依靠对记录的地震数据的采集划分，以及随后独立的处理和成像环节。不幸的是由于部分划分方法的局限性，那些我们需要保护的地下方向数据、分辨率以及成像的完整性都进行了折中处理。结果在这些丰富的地震采集资料中所获得的回报就打了个折扣。

为了克服这些限制，给地质科学家和工程学家们提供了一个具有新数据和新观点的完全不同的新方法，这一方法可以对他们的勘探和开发项目造成影响。到目前为止，一项新的技术——全方位角分解与成像技术被建议应用到页岩气储层中，以确保对地下应力的方向和强度有一个更好的理解。这一技术是设计用来在地下的各个方向按连续的方式进行采样的。这一技术的运用结果是可以以一种新颖的方式为解释人员提供与地震数据交互的新的数据图像，并且使得解释人员在描述页岩油气藏时具有更多的数据和信心。通过应用完整记录的波场信息，可以为生成地下全方位、依赖角度的成像提供一种新的方法。这一方法形成了全方位反射的角道集资料，这一资料符合经由直接观测和在一个有效的速度媒介中进行 HTI 参数反演过程所确定的结果。

第五章　地球物理测井勘探技术应用

地球物理测井或钻井地球物理勘探，简称测井、井中物理勘探。它将地球物理勘探方法用于井孔之中，以研究井孔剖面和井孔周围的地质情况。作为地球物理的一门应用技术，地球物理测井已有半个世纪以上的历史。随着科学技术的发展，地球物理测井已经成为石油、煤田普查勘探和开发各个阶段不可缺少的重要手段。在金属矿地质、水文地质以及工程地质工作中，地球物理测井也发挥着越来越大的作用。

依据所利用的岩（矿）石物理性质的不同，地球物理测井可分为电测井、弹性波测井、放射性测井等。

地球物理测井在工程勘查中可用于以下方面：

①划分、校验井孔剖面，划分含水层，确定其深度、厚度，划分咸淡水界面。

②研究含水层的有关水文地质参数，如孔隙度、渗透系数、矿化度、地下水流速、流向、涌水量等。

③判断岩性，了解风化程度，提供岩石物理参数。

④通过对比不同井孔测井资料，了解区域水文地质情况、岩性变化、构造等情况。

⑤研究井内技术情况，如井径、井斜、井温、井壁裂隙溶洞探测等。

测井现场工作如图 5-1 所示。

图5-1　测井现场工作图

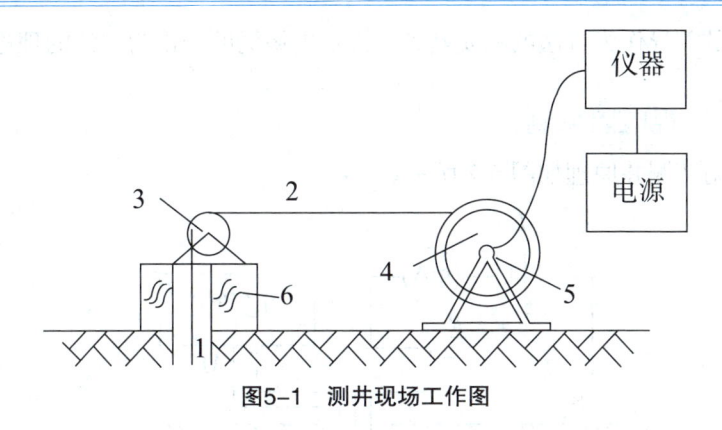

1—井下仪器或电极系；2—电缆；3—井口滑轮；4—绞车；5—绞车滑轮；6—钻井台木

地球物理测井的仪器装备一般分为以下三部分：

第一部分为各种地球物理测井共用的仪器装备，主要有：①绞车（带传动装置）；②电缆及电缆头；③吊臂、井口滑轮；④电源设备。

第二部分为地面部分控制部件及记录仪器，用以控制测量，记录地质、地球物理参数。

第三部分为井下仪器和专门收录组件，是专为每一种测井方法所测量的参数而设计的仪器部件。

第一节　电测井

以岩（矿）石的电学性质及电化学性质为基础的一类地球物理测井方法称为电测井。本节我们主要讲述电阻率测井、自然电位测井、电磁波测井。

一、电阻率测井

通过测量沿井孔的视电阻率的变化，来研究某些井孔地质问题的测井方法称为电阻率测井。电阻率测井是最基本的，也是最常用的地球物理测井方法之一。它主要包括有视电阻率测井、侧向测井及单极测井等。它们都是以岩（矿）

石电阻率的差异作为方法的物质基础，以点电源场的理论为方法的理论基础。

（一）视电阻率测井原理

视电阻率测井原理如图 5-2 所示。

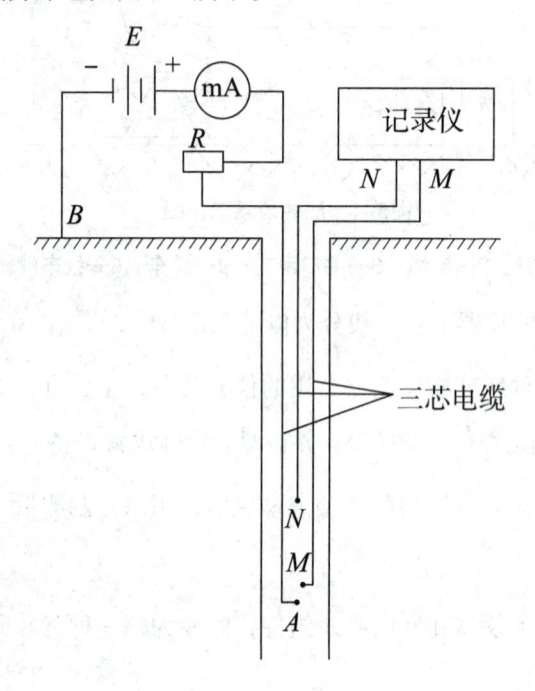

图5-2　视电阻率测井原理线路图

假设地下充满电阻率为 R 的均匀介质，沿井轴放入供电电极 A 及测量电极 M、N。暂不考虑井孔、井液的影响。由于电极本身尺寸远远小于电极之间的距离，可以将电极看成是置于均匀各向同性介质中的点电极。

（二）电极系

进行视电阻率测井时，一般将一个电极置于地面井口附近，另外三个电极放入井中，让其沿着井轴移动，边移动井中的电极，边进行测量（测量供电电流 I 及电位差 ΔU_{MN}）。放入井中的三个电极合在一起被称为电极系。组成电极系的三个电极中，有两个是串联在同一回路中的，称为成对电极。另外一个电极称为不成对电极，它与地面的电极串联在同一回路中。根据成对电极与不成对电极之间的距离，把电极系分为梯度电极系和电位电极系两类。

1. 梯度电极系

成对电极之间的距离远小于中间电极到不成对电极之间距离的电极系，叫梯度电极系。如测量过程中保持供电电流大小不变，用梯度电极系所测得的视电阻率与成对电极中点的电位梯度（或电场强度）成正比。这便是梯度电极系名称的由来。

梯度电极系中，成对电极在单个电极上方时，所测得视电阻率曲线以极大值反映出高阻岩层顶面的位置，故称其为顶部梯度电极系；反之，若成对电极在不成对电极下方时，所测视电阻率曲线以极大值反映高阻岩层底面位置，称其为底部梯度电极系。

2. 电位电极系

成对电极之间的距离远大于中间电极到不成对电极间的距离的电极系，叫作电位电极系。成对电极之间的距离无限大（即 MN 或 $AB \rightarrow \infty$）的电位电极系，叫作理想电位电极系。如在测量过程中保持供电电流大小不变，则采用电位电极系测得的视电阻率与 M 点的电位成正比。这便是电位电极系名称的由来。

3. 微电极系

微电极系是在普通电极系电阻率法测井基础上发展起来的微电极系电阻率测井中所使用的电极系。它是一种电极和电极距都很小的电极系。目前我国使用的一组微电极系是电极距为 0.05 m 微电位电极系和电极距为 0.037 5 m 的微梯度电极系（AM1=0.025 m，M1M₂=0.025 m）。

4. 电极系的符号表示

通常用文字符号表示所使用的电极系。其表示方法是：按照电极系中各个电极在井孔中由上而下的排列顺序，从左至右写出各个电极名称的字母，在字母之间写上相应电极之间以米为单位的距离。例如：A2.0M0.2N，表示一个电极距 L=2.1 m 的底部梯度电极系；B2.5A0.1M，表示一个电极距 L=0.1 m 的电位电极系；A0.025M10.025M₂，表示一个电极距 L=0.037 5 m 的微梯度电极系；A0.05M，表示一个电极距为 0.05 m 的微电位电极系。

（三）视电阻率测井理论曲线

1. 梯度电极系视电阻率曲线特点

①对单一的高阻水平岩层，视电阻率曲线不对称。对应于高阻岩层处有 ρ_s 曲线凸起——高视电阻率值（对应低阻水平岩层有 ρ_s 曲线凹下——低视电阻率值）。

②顶部梯度电极系测得的 ρ_s 曲线，在高阻水平岩层上界面处出现 ρ_s 极大值，在下界面处出现 ρ_s 极小值。采用底部梯度电极系测井时，其 ρ_s 曲线与顶部梯度电极系的 ρ_s 曲线成镜像，高阻层的顶界面为 ρ_s 极小值，底界面为 ρ_s 极大值。

③当岩层很厚时（$h > L$），对应于岩层中部测得的 ρ_s 值接近岩层自身的真实电阻率值 $\rho_岩$。

④当岩层厚度小于极距时，由于高阻层的屏蔽作用，当三个电极在界面同一侧，且单个电极在界面处时，ρ_s 曲线出现一个次（假）极值。

2. 电位电极系视电阻率曲线特点

①对应于上、下围岩电阻率相同的岩层，电位电极系测得的 ρ_s 曲线是对称的。

②当岩层很厚时，对应岩层中部测得的 ρ_s 值接近岩层本身的真电阻率值 $\rho_岩$。

③对应于岩层上、下界面，ρ_s 曲线各有一段长度等于电极距 L 的 ρ_s 等值段，该直线段的中点对应于岩层的界面。

④当岩层较薄（$h < L$）时，对应于高阻岩层的 ρ_s 曲线出现凹下（低值）；对应于低阻岩层反而出现 ρ_s 曲线凸起（高值）。可见电位电极系不宜用来划分薄地层。

（四）影响视电阻率测井曲线的主要因素

1. 井孔、井液的影响

上述理论曲线，是指理想电极系垂直穿过地层，处于地下全空间时的视电阻率曲线。实际上井孔穿过地层，地下不是完整的全空间。井孔中充满了井液，井液电阻率与井孔周围岩层电阻率值一般不等。由于井孔、井液的影响，视电阻率测井所测得的 ρ_s 曲线突变点消失，曲线变得光滑了，且一般 ρ_s 值有所下降。但 ρ_s 曲线的基本特征保持不变。

一般电极距越小，井孔、井液影响越大。井孔对 ρ_s 曲线的影响，随着岩层电阻率和井液电阻率差异增大、井径增大以及电极距变小而增加。相比较而言，井液对梯度电极系所测 ρ_s 曲线的影响，大于井液对电位电极系测得的 ρ_s 曲线的影响。因此，在反映岩层电阻率变化和计算岩层电阻率方面，使用电位电极系，一般比使用梯度电极系的效果要好。

2. MN 大小的影响

实际工作中梯度电极系的 $MN \neq 0$，因而使 ρ_s 的极大值减小。同时，使记录点从电极系最外边向 A 电极移动 $MN/2$，所以记录的曲线也向 A 极移动了 $MN/2$，反映高阻层界面的 ρ_s 极大值点的位置，相对界面处向 A 极一侧（A 为不成对电极）移动 $MN/2$；同样，ρ_s 极小点位置也相对界面处向 A 极（单个电极）一侧移动 $MN/2$。

对电位电极系，当 $MN < H$ 时，电位电极系 ρ_s 曲线随 MN 的减小越不对称，而且逐渐相似于梯度电极系测得的 ρ_s 曲线。

实际工作中通常选用电极距为中等长度的电极系作为最佳电极系。一般要求电极距 L 大于 3~5 倍井径，以便消除井孔的影响；同时电极距又要小于目的层厚度，便于划分层面。

3. 相邻地层的影响

当岩层厚度比较薄，在电极系的探测范围内有几个薄层存在时，对应于任何一个岩层处所测得的 ρ_s 值，都会受到邻近岩层的影响。特别是当有不同电阻率的岩层交互成层时，邻层的影响尤其显著。对于底部梯度电极系，当相邻岩层间距离大于电极距时，由于上部高阻薄层对电流的排斥作用，对应于下部高阻层处测得的 ρ_s 值明显增大。而当两岩层间的距离小于电极距时，由于上部高阻层对电流的屏蔽作用，对应于下部高阻薄层处测得的 ρ_s 值明显减小。对于顶部梯度电极系，同样有相邻层的影响问题，只是受影响的是上面一层而不是位于下面的岩层。

不难理解，当相近岩层电阻率大小不同、厚度不同、岩层间距离不同以及电极距大小改变时，它们所带来的影响是很复杂的，以致难以应用 ρ_s 曲线来确定岩层界面位置、岩层电阻率，甚至难以用 ρ_s 曲线区分岩层电阻率的相对大小。为了正确划分岩层界面，在进行视电阻率测井时，应配合进行其他测井方法，如微电极系测井、侧向测井等测井工作。

（五）视电阻率测井的应用

视电阻率测井可以用来划分井孔剖面，以及确定岩层真实电阻率，确定含水层位等。

1. 划分井孔剖面

从对视电阻率测井理论曲线特点的分析我们可以看出，视电阻率测井曲线对高阻厚层有明显的反应。

通常应用梯度电极系 ρ_s 测井曲线划分高阻厚层上界面时，从 ρ_s 曲线极值点处向着由单个电极指向成对电极的方向移动 $MN/2$，以此确定界面位置；划分底界面时，亦是由 ρ_s 曲线极值点处向着由单个电极指向成对电极的方向移动 $MN/2$ 来确定界面位置。对于岩层厚度小于极距的薄层，可利用 ρ_s 曲线 2/3 极大值点的位置确定高阻岩层界面。

当使用电位电极系测井 ρ_s 曲线划分界面时，对于高阻厚层（$h > 5AM$），可根据 ρ_s 曲线拐点位置确定岩层界面，对于中厚层（$AM < h < 5AM$），可以利用 ρ_s 曲线半极值点位置确定岩层界面。

2. 确定岩层电阻率近似值

我们知道视电阻率测井所测得的视电阻率值大小受诸多因素影响。但是，当岩层厚度比电极距大很多时，围岩影响可以忽略不计；当电极距比起井径来大很多时，井孔影响可以忽略不计。所以当岩层厚度相当大时，可将电位电极

系测得的 ρ_s 极大值作为岩层电阻率的近似值。亦可利用梯度电极系测得对着岩层的 ρ_s 曲线的平均值，并作为该岩的电阻率似近值。

3. 确定含水层及咸淡水分界面

在一定条件下视电阻率测井所测得的 ρ_s 值主要取决于岩层电阻率大小，而岩层电阻率的大小又主要取决于岩性、孔隙率、含水程度和水的矿化度。这样同一地区视电阻率的变化反映了地层岩性（如黏土或是砂层等），而对同一类岩层（如砂层）视电阻率的变化则反映了该层含水的矿化度变化。由此可以利用视电阻率测井 ρ_s 曲线并配合其他测井方法（如自然电位测井）确定含水层位及咸淡水分界面。

4. 应用实例

利用视电阻率测井曲线划分地层。淮北宿州市地区第四纪地层经地质工作者初步划分如下：

①全新流 Q4。黏土及砂层交替成层，含水层普遍发育，且该层地下水矿化度较低。对应全新流地层地段的视电阻率测井 ρ_s 曲线为高、低阻值的锯齿状曲线，似一厚层，没有纯黏土层的低平电阻率曲线特征。

②上更新流 Q3 和中下更新流 Q1-2。该区段地下水为淡水。上更新流 Q3 含钙质结核及锰铁结核，黏土含砂成分多。对应砂层和亚砂土的视电阻率测井 ρ_s 曲线显示为高电阻率异常（20~40 Ω·m）。对应黏土、亚黏土约 ρ_s 值较低（5~100 Ω·m）。中下更新流 Q1-2 地段钙质结核显著减少，黏土质地较纯。因此对应中下更新流 Q1-2 的黏土、亚黏土层的视电阻率测井 ρ_s 值更低，钻孔中黏土、亚黏土视电阻率 ρ_s 的平均值。对应不同时代的黏土、亚黏土井段的平均视电阻率 ρ_s 曲线呈台阶状分布。不同的台阶反映了不同地质时代的地层。

根据这些特点，利用视电阻率测井 ρ_s 曲线，在宿县地区划分了第四纪地层所属地质年代，并校正了某些钻孔资料。

（六）微电极系电阻率测井

微电极系电阻率测井是在普通视电阻率测井基础上发展起来的。普通视电阻率测井难以分辨薄层，为此设计了微电极系。它是电极间距离很小的电极系，可以用来划分几厘米厚的薄层、夹层。但是由于极距很小，探测范围也就很小，只能探测井壁附近的情况，其深度不超过 10 cm。主要用来划分薄层、夹层，划分渗透性岩层以及测量岩层的电阻率。

微电极工作时装在绝缘板上的电极系被弹簧紧压在井壁上。观测过程中微电极系始终贴着井壁进行测量，以减小井液的影响。

微电极系同样也分为微梯度电极系和微电位电极系两类。微梯度电极系测量范围为极距的 1~2 倍，微电位电极系的测量范围是电极距的 2~3 倍。

由于微电极系极距很小，且测量过程中电极系紧贴井壁，所以遇到不同电阻率岩层时，尽管岩层厚度不大，也会引起视电阻率的变化，由此可根据视电阻率的变化划分薄层、夹层。同时所测视电阻率接近岩层电阻率。特别是对非渗透岩层或泥岩，黏土层两种微电极系所测得的视电阻率值均接近其岩层真电阻率值。

此外，可利用微梯度电极系和微电位电极系探测范围不同划分渗透性岩层。前已述及对非渗透性岩层，两种微电极系测得的视电阻率值均接近岩层真电阻率值。而对于渗透性岩层，由于泥浆的浸入，以及在井壁处形成泥饼，井壁附近不同深度处的电阻率大小不同。一般泥饼电阻率高于泥浆电阻率 1.5~2.0 倍，但比浸入带电阻率低很多。进行测井时，微梯度电极系探测范围小，受泥饼影响大，测得的视电阻率值偏低。而微电位电极系探测范围大，受浸入带影响大，所测得的视电阻率值偏离。两种微电极系在同一深度处对应同一（渗透性）岩层所测得的视电阻值不等。ρ_s 曲线不重合，而有一差值。我们称微电位电极系测得的视电阻率值高出微梯度电极系所测的视电阻率值那部分为正幅度差。岩层渗透性越好，正幅度差越大。所以，根据微电极系所测 ρ_s 曲线出现正幅度差，从微电极系视电阻率测井 ρ_s 曲线中能划分出渗透性岩层。

（七）其他电阻率测井

1. 侧向测井

普通视电阻率测井，由于受井孔、井液等因素的影响，当岩层较薄、电阻率高、井液电阻率却较低时，大部分电流将沿井液流过，只有小部分电流流进地层，这样就无法求出准确的地层电阻率。使得普通视电阻率测井区分不同岩层效果变差。为解决这一问题，提出了侧向测井方法。侧向测井也叫聚焦电阻率测井或聚流电阻率测井。这种方法能较准确地划分出高阻薄层，测出岩层电阻率大小。

方法原理。侧向测井与普通视电阻率测井方法上的主要区别在于使用的电极系不同。侧向测井按其电极系的结构特点和电极数目不同，可分为三电极侧向测井（简称三侧向）、六电极侧向测井（简称六侧向）、七电极侧向测井（简称七侧向）等。

我们通过对三电极侧向测井电极系的工作原理的分析来说明侧向测井的方法原理和实质。

三电极侧向测井所测得的视电阻率值比普通视电阻率测井所测得的视电阻率值更接近于岩层真实的电阻率值。而且其分辨薄层、消除层间互相影响的能力均高于普通视电阻率测井。利用三侧向测井测得的视电阻率曲线，可以更方便地求出岩层真实电阻率，进而精确划分井孔剖面。

2. 井液电阻率测井

（1）工作原理

井液电阻率测井采用与普通视电阻率视测井相同的测量线路。它们的基本工作原理是相同的，只是井液电阻率测井使用专门的井液电阻率计代替普通的电极系。井液电阻率计与普通的电极系结构不同。井液电阻率计内部由三个间距很小的电极（电极为环形或圆柱形）组成一个电极系，外部有一个上、下开口的圆筒形金属罩做成的外壳。

（2）井液电阻率测井的应用

①确定含水层位置。已知井液电阻率值大小和井液中盐的浓度大小有关，盐浓度越大，井液电阻率越小。向清洗过的井孔中注入与地下水盐浓度不同的水（或泥浆），也就是与地下水电阻率值有明显不同的水（或泥浆）。然后每隔一定时间间隔测量一条沿井轴的井液电阻率曲线，直到能够明显地反映出电阻率异常为止。由于岩层中地下水盐浓度和注入井孔中的水的盐浓度不同发生扩散作用，同时因地下水流动，含水层附近井液盐浓度不断变小，从而使该井段所测得的电阻率值不断变大。由此根据不同时刻测得的井液电阻率曲线的变化确定出含水层位置。

为明显地测出电阻率异常，对流入量较小的井孔可采用提捞法。即井孔中充满与地下水电阻率不同的井液后，立即进行首次井液电阻率测量——控制测量。之后用水泵从井孔中抽水，降低井孔液面，进行第二次测量，并在 1~2 h 后再进行测量。然后再抽水，重复前述做法，直至在电阻率曲线上明显地反映出水层位置为止。当出水量大时，亦可采用注入法，即改抽水为周期性的注水，并进行测量。直至井液电阻率变化停在某一深度上，不随注水而变化，这个深度即是出水层下界面。当地下水为淡水或弱矿化水时，可选用静止水位法（自然扩散法）。观测人工盐化了的井液被运动的地下水冲淡的情况，以确定含水层位置，如图 5-3 所示。曲线旁所注 t_0、t_1…为各该曲线的测量时刻。t_0 表示刚注入盐水后的时刻。

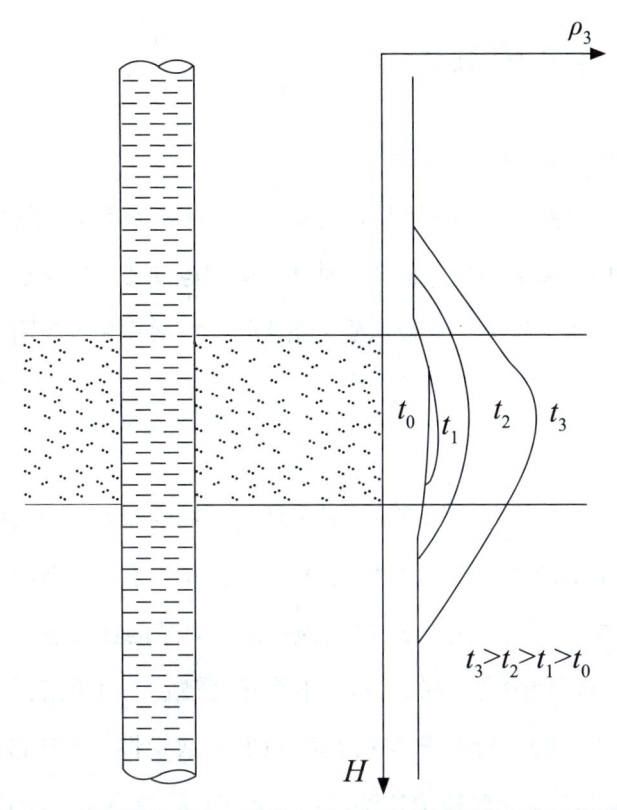

图5-3 采用静水位法、利用井液电阻率曲线确定含水层原理图

②判断各含水层之间补给关系。当井孔穿过不同含水层时，将井液局部盐化，形成盐水柱。测量不同时刻井液电阻率变化。根据沿井轴井液电阻率值的低值段位移情况，判断盐水柱的升降以及升降速度，从而判断地下水沿井孔的运动情况。由此确定不同含水层的补给关系。

（3）应用实例

应用井液电阻率测井确定出水层位的实例。井孔由黄土状亚黏土、渗透性好的砾石层及渗透性不好的砾石层组成。向井孔中注入盐水，并分别测出井液盐化前及盐化之后不同时刻井液电阻率沿井轴的变化。结合视电阻率测井曲线，判断出 99~112 m 处为出水层位。

二、自然电位测井

（一）井内自然电位成因

井孔中形成自然电场的成因是相当复杂的。通常在沉积岩地区和金属矿区，形成自然电场的主要成因是：扩散电动势、吸附电动势、氧化还原电动势。这里我们仅讨论与水文地质、工程地质关系密切的扩散作用及吸附作用形成的自然电场。

1. 扩散成因

根据物理化学知识我们知道，当两种浓度不同的盐溶液相接触时，浓度大的溶液中的离子要向浓度小的溶液中扩散。当离子扩散时，溶液中的正、负离子的迁移速度是不同的。例如 NaCl 溶液中的氯离子的迁移速度就大于钠离子的迁移速度。当两种浓度不同的 NaCl 溶液相接触后，由于正、负离子迁移速度不同，在低浓度的溶液中迁移速度大的 Cl^- 的数量将多于迁移速度小的 Na^+ 的数量。而在高浓度的溶液中迁移速度大的 Cl^- 的数量将少于迁移速度小的 Na^+ 的数量。从而使得浓度不同的两种溶液显不同的电性，形成一个电动势。这样形成的电动势又反转来影响正、负离子的迁移速度，使得 Cl^- 向浓度低的溶液中的迁移速度减慢，使 Na^+ 向浓度低的溶液中迁移速度加大，直至两种离子迁移速度一致，使溶液中正、负离子数量上的差额达到一定值。这时在两种浓度的溶液间形成一个稳定的扩散电动势。

两种不同浓度溶液中间以陶瓷板隔开，两侧溶液为浓度相差 10 倍的 NaCl 溶液。在 25 ℃条件下，两溶液间可形成约 11.6 mV 的扩散电位差，且低浓度一侧为低电位。

如将容器中隔开两种不同浓度溶液的陶瓷板换成纯净的砂岩板，同样可测得上述结果。

在井孔中，如井液浓度小于纯净砂岩层中水（溶液）的离子浓度，其情况类似于两种不同浓度的溶液被纯砂岩板所隔开，对应于纯净砂岩处则可测得负电位。这时所形成的自然电场即是扩散作用形成的自然电场。

2. 吸附成因

将上述试验中隔开两种不同浓度溶液的纯砂岩隔板拿掉，换上一个泥岩隔板，其他条件不变。这时，在两种溶液间可测得一个更大的电位差，且这时低浓度的溶液为高电位，高浓度的溶液为低电位。之所以出现这种变化是由于泥岩颗粒有吸附负离子的作用。当离子由浓度高的溶液向浓度低的溶液中扩散经过泥岩板孔隙时，负离子被泥质颗粒吸附，附着在孔壁上，而正离子通过孔隙进入了浓度低的溶液中。所以低浓度溶液中正离子增多，而高浓度溶液中负离子相对增多。这样形成的自然电场为吸附作用自然电场。

自然界井孔中井液离子浓度与岩层水离子浓度不同，离子通过岩土孔隙时，会有吸附作用发生，形成吸附作用成因的自然电场。不仅如此，当地下水或井液与地下水之间由于存在压力差而发生流动时，同样也有吸附作用发生，同样也会形成吸附电场，一般称这时形成的电场为过滤电场。自然界中上述几种作用有时会同时发生，形成的自然电场叠加在一起，构成井中总的自然电场。但一般过滤电场较弱，井内测得的自然电场主要是由扩散和吸附成因所形成的自然电场。

（二）自然电位测井曲线

通常黏土岩具有稳定的自然电位，常以此作为自然电位曲线的基线。在自然界中，不仅岩层厚度变化会影响自然电位侧井曲线，而且岩层、井液电阻率、岩层产状及相邻层的参数等都会影响自然电位。一般岩层及围岩的电阻率大于井液电阻率时，自然电位曲线幅值减小，尤其对于薄的高阻岩层，岩层电阻率对自然电位曲线的影响更为明显。若砂层不是纯砂层，而是其中含有泥质颗粒时，泥质颗粒将影响负离子扩散速度，形成扩散－吸附电动势，从而影响井孔自然电位曲线。当岩层上、下不对称或产状发生变化时，都会使井中自然电位曲线发生变化。

（三）自然电位测井法的应用

在水文、工程地质工作中，自然电位测井主要用来划分钻孔地质剖面，确定咸淡水界面，确定地下水矿化度等。

在砂泥质岩层井孔中，自然电位大小主要和地下水与井液之间的扩散吸附作用有关，而扩散吸附作用又与岩性密切相关。因此，可以利用自然电位测井曲线变化划分钻孔地质剖面。

通常在自然电位测井曲线解释中，取厚层泥岩（黏土）层处自然电位曲线为基线。在地下水矿化度大于井液矿化度的情况下，渗透性好的岩层（颗粒粗，分选好，含泥少）自然电位显示为较大负异常；而反之，则为正异常。因此可利用自然电位测井曲线划分出渗透性好的地层，划分钻孔剖面。在岩层比较厚时，一般可按曲线的半幅值点来确定岩层的界面。

当地下有不同的咸淡水时，还可利用自然电位测井曲线划分咸淡水的分界面。当井孔中咸水层地下水矿化度高于井液矿化度时，自然电位测井曲线为负异常；对应于井孔中淡水层地下水矿化度低于井液矿化度时，则自然电位测井曲线为正异常。

三、电磁波测井

电磁波测井是以岩矿石的导磁性及导电性差异为主要物质基础、以电磁感应原理为理论基础的一类测井方法。它通过井下仪器向周围发射电磁波，并在井下或邻近钻孔中接收电磁波。根据所接收的电磁波研究井孔剖面、井孔周围以及井孔之间的情况。所以这类方法可以在干孔或油基泥浆中进行工作。

电磁波测井中，一类方法为发射几十千赫电磁波到几万千赫电磁波的低频电磁波测井。低频电磁波测井由井下仪器向周围发射一定频率的交流信号，建立起交变电磁场（称为一次场）。在这交变场的作用下，地层中产生感应交变场（称为二次场）。置于井下的接收器接收感应交变场（即二次场）。感应交变场的强弱与岩矿石的物理性质有关。其中利用岩矿石磁化率参数的电磁波测井为磁化率测井,利用岩矿石电导率参数的电磁波测井为感应测井。

电磁波测井中还有一类方法是通过井下仪器向周围发射频率为 0.5~10.0 MHz,甚至更高频率的电磁波,并在另外的井孔中接收发射器所发射的电磁波。这类方法在苏联早期被称为阴影法,后又称为无线电波透视法,我国称之为地下电磁波法(钻孔电磁波法,坑道电磁波法)。由发射器所发射的电磁波向周围介质传播时,因周围介质性质不同,被吸收程度有所不同。通过分析所接收的电磁波的强弱变化来研究井孔周围的情况。

下面分别讨论感应测井和钻孔电磁波法。

(一)感应测井的原理

感应测井仪器包括井上部分和井下部分。

1. 井下仪器

井下仪器由线圈和电子线路两部分组成。其线圈有发射线圈和接受线圈两种不同的线圈,分别相当于直流电阻率测井中的供电电极和测量电极。电阻率测井中有多种形式的电极系,感应测井也可采用单极线圈系、双线圈及聚焦多线圈等多种形式的线圈。

发射线圈发射出的交变信号在其周围所形成的交变电磁场,在周围介质中引起涡流。涡流产生的磁场在接收线圈中感应出电动势,感应电动势的大小与岩矿石的电导率大小有关。这种感应电动势称为有用信号。在无限均匀各向同性介质中,通过测量这种有用信号,可以求出岩(矿)石的电导率。在井孔、井液及周围介质影响下,即在非均匀各向同性介质情况下,通过测量有用信号求出的是地下介质的视电导率,而不是某一种介质的真实电导率。另外,在接收线圈中,还接收到发射线圈和接收线圈直接耦合产生的电动势,这部分电动势称为无用信号,无用信号的大小与仪器结构、发射电流强度以及发射频率有关。可以通过多线圈系及相敏检波器消除无用信号。同时,多线圈系还可以补偿井液、围岩对有用信号的影响。

井下仪器除发射线圈和接收线圈外,还有振荡器、放大器、检波器。振荡器产生频率稳定、幅度不变的交变信号，并通过发射线圈将其发射出去；放大器将接收线圈所接收到的信号加以放大；相敏检波器将无用信号滤掉，使有用信号通过。

2. 地面仪器

地面仪器包括记录面板和记录仪。通过记录面板的电子线路对井下送上来的信号进行处理，并将处理过的信号送至记录仪。记录仪将有用信号记录成视电导率曲线或视电阻率曲线。

（二）钻孔电磁波法

钻孔电磁波法是地下电磁法的一个分支。该方法起源于苏联。我国于1959年引进了这种方法。近十年来该方法在我国得到较快发展。钻孔无线电波透视法主要用于工程勘查和金属矿勘查。

1. 方法原理

钻孔电磁波法原理。工作时，在一井孔中，由发射天线向周围发射一定幅度的、固定频率的高频电磁波。在另一井孔中用一接收天线接收经地下传来的电磁波。由发射天线所发射的电磁波在周围介质中传播时逐步被吸收。岩（矿）石吸收电磁波能量的大小主要取决于它们的介电常数 ε、磁导率 μ 以及电导率 σ。当前，在该方法所使用的频率范围内，岩（矿）石吸收电磁波能量的大小主要取决于介质的电导率 σ。空气和高阻岩石对电磁波吸收作用不大，而低阻金属矿和其他低阻介质对电磁波的吸收能力强。所以，在电磁波传播过程中，如遇到高电导率的岩（矿）石或为高电导率的水或黏土所充填的溶洞时，其能量被大量吸收。在这种情况下，在这些介质另一侧接收到的电磁波明显减弱，出现所谓阴影带。地下电磁波法就是根据这些阴影带的出现，来发现低阻矿体或溶洞并确定其位置的。

2. 工作方法和成果图示

采用钻孔电磁波法工作时，将发射机和接收机分别置于不同的钻孔中。其工作方式可分为同步法及定点法两种。同步法是将发射机和接收机在两钻孔中同步向上（或向下）移动并进行测量。发射机和接收机在同一高度时称为水平同步，发射机和接收机置于不同高度进行同步测量时称为高差同步。定点法是将发射机（或接收机）固定于一井孔中某预定位置上，接收机（或发射机）在另一井孔中移动并同时进行测量。

通常该方法使用频率为 0.5~10.0 MHz 的电磁波，有时使用高达 20 MHz，甚至 40~50 MHz 的电磁波。频率越高，分辨能力越强，但穿透距离越短。

工作时沿井孔测量电场强度值，边测量边进行整理分析。根据测量电场值作出场强沿井孔的变化曲线。以纵轴表示井孔深度，以横轴表示电场强度。也可以作出沿井孔的屏蔽系数图，或先计算出沿井孔的电场正常分布曲线，之后将实测曲线画于其侧，画出阴影位置图。

第二节　弹性波测井

弹性波测井是以岩（矿）石的弹性差异为物质基础，通过在钻孔中测定弹性波传播速度及其传播过程中幅度变化来研究井孔剖面和井孔周围情况的一类测井方法。弹性波测井分地震测井和声波测井。前者以炸药、雷管爆炸、重锤捶击等方式产生地震波，观测通过井壁或井孔周围介质的弹性波；后者以声电转换方式在地下产生声波或超声波，并在井中进行观测。声波测井又可分为声波速度测井、声波幅度测井等。

弹性波测井在工程地质工作中，可以用来确定岩层厚度、断层破碎带位置，检查水库坝基质量、施工质量以及进行原位测速，通过测定纵波波速、横波波速计算岩石物理力学参数，为工程设计提供资料，并与浅层地震相结合，提高其解释精度及地质效果。

一、地震测井

地震测井主要用来进行原位纵波、横波波速测定。通过波速测定划分井孔剖面，研究井孔周围情况，提供物理力学参数。地震测井按其工作方式可分为井地激发接收（单孔法）及异孔激发接收（跨孔法）两种方法。

（一）地震测井工作方式

1. 井地激发接收方式

震源位于井口附近，可以用雷管、炸药做震源，也可以用重锤撞击的方法做震源。为了产生横波，将一木板紧密地与地面耦合，之后用重锤撞击木板侧面，这样便可产生 S（横）波。井中使用带有能使其紧贴井壁装置的三分量井中检波器。先将检波器放入井底，之后由深到浅逐点测量。为提高效率，有时也采用地面一次激发、井内多点接收的方式。那时井内同时布置多个检波器（那时井中要有井液，检波器吊挂在井液中接收）。

2. 异孔激发接收方式

这种工作方式是从一口井中激发，在其他井中接收。当井孔距离较小（仅数米时），可以利用直达波测定波速，称为直达波法。当井孔间距离较大时，接收的初至波可能是直达波，也可能是折射波。当初至波是折射波时，由传播时间和传播距离求得的速度是钻孔间岩层的平均速度。所以也称其为平均速度法。其井中震源可以是雷管、炸药，也可以是紧贴井壁的载荷板。载荷板受由地面控制的重荷撞击而在井壁产生横波。检波器为紧贴井壁的三分量井中检波器。

地震测井工作中一般可用浅层地震仪进行放大、记录，而无须专门另备放大、记录仪器。另外，为了向井中检波所附带的胶囊里充气（或充液）以使其紧贴井壁而设置控制泵。

根据地震测井记录计算出速度资料，或得出沿井孔的速度曲线。

（二）应用实例

1. 某坝址勘测中的应用

某坝址区的河床基岩为雾迷山硅质白云质灰岩，河床覆盖层为砂卵砾石层，层厚约 20 m。基岩地层走向北东，倾向南东，倾角 6°~12°，为一单斜构造。河床两岸隙裂发育，以往勘查工作中未发现坝址河床地段有大断裂现象。仅在 519 号孔的 70~80 m 深处发现一陡倾角断层破碎带。为进一步了解孔间是否有大断裂存在，利用河床已有的三个钻孔进行了跨孔法地震测井。

测量采取同高程激发接收方式，以小剂量炸药爆炸做震源，测点距一般取 2 m，个别点距为 4 m。从所测三条曲线可以看出基岩内部速度变化不大，且波速均在 6 km/s，反映出岩层宏观上比较均匀，岩性较好，岩石坚硬。另 526 号孔激发、519 号孔接收所测波速高于另外两孔激发、518 号孔接收所测的波速。而从钻孔资料看，此间岩性变化不大。可能在 526 号孔与 518 号孔之间，以及 519 号孔和 518 号孔之间有隐伏陡倾角断层和裂隙密集带。结合应用折射波法探查小构造，在 518 号孔附近有较多异常，而在 519 号孔附近只有一条断裂。地震测井结果与起面地震观测结果相一致。另外，井孔上部有视速度上升段，可推测覆盖层的厚度。

2. 利用波速测井划分地层

在某河弯口勘测工作中，进行了跨孔法波速测量。根据速度测井资料，该地可分为三层。第一层为表层冲积淤积层，波速为 800~1 500 m/s；第二层为砂层，波速在 1 600~1 800 m/s 之间；第三层为白垩纪地层，波速为 2 200~2 300 m/s。

从所测速度曲线看，井深 14 m 以上波速较低，为 1 500 m/s 左右，为冲积层。井深 14~27 m 处波速明显增大，达到 1 700 m/s，这一段为砂层地段。27 m 以下波速再度上升，在 2 200 m/s 以上，反映了基岩的波速。以此划分了井孔剖面。从波形图看，在井深 19~23 m 处所记录到的初至波为折射波，是经第三层上界面产生的折射波，续至波为直达波。

二、声波测井

声波测井是弹性波测井的一个分支。它以声电转换装置在地下发射频率为几至几十千赫的声波或超声波（频率超过 20 kHz 的属超声波，所以也称其为超声波测井），同时在井下接收经井壁或井孔间传播的声波，并根据其传播速度或幅度研究井孔和井孔周围的地质情况。声波测井又可分为声波速度测井（简称声速测井）和声波幅度测井、声波全波测井、声波电视测井等。

（一）声波速度测井

1. 声速测井原理

声速测井的井下仪器中装有发射器 T 和接收器 R。发射器以脉冲形式发出一系列声波。声波自发射器发出后向各个方向传播，一部分由发射器经井液直接传至接收器，称为直达波；一部分以临界角经井液传至井壁，于是产生了沿井壁传播的滑行波（也称侧面波）。由于井液和井壁紧密相接，在井液中形成了相应的波（在地震勘探中称为折射波），并传至接收器。

波在井液中以 V_1 速度传播，在岩石中以 V_2 速度传播，且 $V_2 > V_1$。因前述各种波所走过的路径不同，在所走的不同地段上的波速不同，所以它们自声源到达接收器的时间不同。选择合适的发射器和接收器之间的距离（称为源距，以 L 表示），可以使经井壁滑行的波最早到达接收器，其次是直达波到达接收器，最后反射波才到达接收器。最早到达接收器的波称为首波或初至波。

2. 声波速度测井的应用

（1）划分岩性和岩石风化带

各类岩石或同类岩石风化程度不同时，声波在其中传播速度不同。通常火成岩波速大，而沉积岩波速较小。沉积岩中不同类型沉积岩的波速也不相同。岩石风化程度不同，波速不同，随着风化程度加深，声波传播速度降低。

（2）确定孔隙率

根据实验结果，声波传播速度与岩石孔隙率、孔隙中液体的波速有如下关系：

$$\frac{1}{V}=\frac{\varphi}{V_f}+\frac{1-\varphi}{V_m}$$

式中：φ 为孔隙率；V、V_t、V_m 分别为声波在岩石、孔隙液体岩石固体颗粒（统称为岩石骨架）中的速度。

将波速改变为传播时间，有

$$\Delta t = \varphi \Delta t_f + (1-\varphi)\Delta t_m$$
$$= (\Delta t_f - \Delta t_m)\varphi + \Delta t_m$$

由此可得到孔隙率 φ 的表达式：

$$\varphi = \frac{\Delta t - \Delta t_m}{\Delta t_f - \Delta t_m}$$

式中：

Δt、Δt_f、Δt_m 分别为 $\frac{1}{V}$、$\frac{1}{V_f}$、$\frac{1}{V_m}$，表示声波在相应物质中传播 1 m 所需要的时间。

当岩石骨架成分（岩性）及孔隙中液体性质已知时，可以确定出 Δt_f 及 Δt_m，于是有

$$\Delta t = (\Delta t_f - \Delta t_m)\varphi + \Delta tm = a\varphi + b$$

上式为一直线方程。当然使用这一公式确定孔隙率时，必须在岩性相同及孔隙中溶液相同的条件下才有可能得出正确的结论。实际工作中，以相同条件岩性的 Δt 测量值和岩心孔隙率分析值得出的统计分析为依据，获得经验的直线方程。

（3）数据参数

根据声速测井资料为工程地质设计提供参数资料，如岩体完整性系数、弹性模量等。

（4）为地震勘探解释工作提供速度资料

根据声波速度测井资料可以计算出不同岩层中纵波速度及各岩层的平均速

度等，为地震勘探资料解释提供速度资料。

（二）声波幅度测井

声波幅度测井是沿井孔测量声波在其中传播时信号幅度的大小、变化，以研究井孔剖面、井孔情况的测井方法。该方法在裸眼井中用来研究井孔剖面、井壁附近岩层的变化；而在有套管的井孔中，可以用来检查套管外水泥的胶结质量。

1. 反射声幅测井

这是一种用一个换能器兼作声辐射和声接收的一种声波幅度测井。由换能器向井壁垂直发射声波，随后接收垂直反射回来的声波。声波垂直入射时，反射波的强弱决定于反射系数的大小。两种相接触的介质，其波阻抗（$Z=\rho V$）差别越大时，反射系数就越大，声波通过界面所传递的能量越小，反射波越强。如井壁为石灰岩，且其密度、声速都大，反射波就强。井壁为页岩时，其密度、声速都较小，反射就弱。砂岩密度、速度介于石灰岩和页岩之间，反射波强度居中。另外岩石风化、破碎程度不同，以及孔隙中液体性质不同，反射波强弱也不同。因此，可以根据声幅曲线的强弱变化来划分岩性、确定含水裂隙带、破碎带以及解决某些其他工程地质问题。利用声幅测井划分了界面位置。

2. 固井声波变密度测井

目前，在固井水泥胶结质量检测中使用声波变密度测井（CBL/VDL）替代声幅测井（CBL）。该测井仪器采用单发双收的井下仪器。从发射器发出的声波向各个方向传播。接收器最先接收到由滑行波在井液中引起的纵波。当套管外水泥胶结得很好时，能量大部分传到水泥胶结物上，接收器接收到的能量（幅度）很小。如套管外胶结得不好，或没有水泥胶结，沿套管传播的声波衰减很小。接收器接收到的声波幅度较大。于是可以通过所测声波幅度大小来确定套管胶结好坏。

根据实验结果，将没有水泥胶结的情况下所接收的声幅作为100%，而水泥胶结好时，声波幅度低于15%；中等胶结时声波幅度为15%~30%（有的地方用 20%~40%）；胶结差时声波幅度大于 30%（或 40%）。固井声波变密度测井效果的好坏与源距、测井时间的选择有关。目前国内一般在浇注水泥后 20~40 h 进行测井效果较好。测井时间过早，所测幅度偏高，导致误以为固井质量不高；而测井时间太迟，所测数据偏低，会误认为固井质量好，引起判断失误。此外，固井质量可能会随着时间发生变化。

第三节　放射性测井

放射性测井是以物质的原子核物理性质为基础的一类测井方法的总称，也称其为核测井。放射性测井包括自然放射性测井和人工放射性测井。由于物质的核物理性质不受温度、压力、化学状态等因素的影响，所以有可能利用放射性测井的某些方法直接确定矿物物质成分和品位。另外放射性测井中所利用的 γ 射线和中子流具有较强的穿透力，故它不仅可以在裸眼井孔中使用，而且可以在下套管的井孔中及各种性质的井液中使用。

一、自然 γ 测井

沿井孔测量天然 γ 射线强度，并根据所测量的 γ 射线曲线研究井孔剖面的方法称为自然 γ 测井。它是放射性测井中一种最简单的方法，该方法不需要人工放射源。自然 γ 测井装置。

自然 γ 测井测量由岩（矿）石中所含的放射性元素在自然衰变过程中所放射出来的 γ 射线。通常将测量天然 γ 射线总强度的方法称为 γ 测井，而将按能量测量天然 γ 射线强度的方法称为 γ 能谱测井。由于不同放射性元素放射的 γ 射线的数量和能量不同，所以可以根据所测得的 γ 射线的数量和能量来确定岩（矿）石中所含放射性元素的种类和含量，进而找出放射性矿床和研究岩层性质。γ 测井的有效探测半径为 30~50 cm。

放射性γ测井的井下探测器将接收到的自然γ射线转换为电脉冲。电脉冲经过处理进入记录仪器的计数电路，得到与输入脉冲成正比的输出信号，测出γ测井曲线。

（一）自然γ测井曲线的特征及影响因素

1. 自然γ测井曲线特征

根据计算，对点状和有线长的探测器，假定围岩及泥浆均无放射性时，一个水平的放射性岩层在井轴处产生的γ射线强度如图5-4所示。其曲线特征如下：

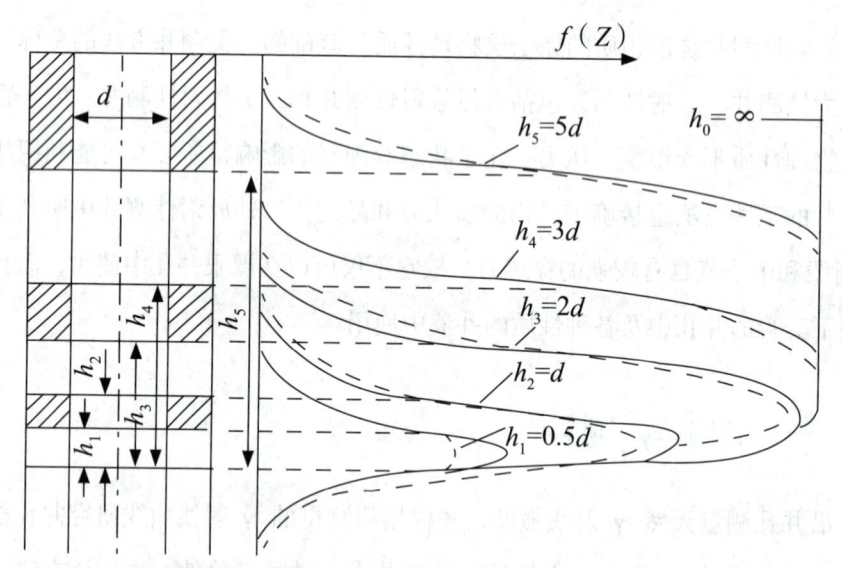

图5-4 水平放射性岩层在井轴处的放射性强度曲线

h—放射性地层厚度；d—井孔直径；实线—点状计数器成果；虚线—计数器长$L=d$成果

①曲线对称于岩层中点，并在该处有极大值I_{max}。

②岩层厚度大于3倍井径时，异常幅度与岩层厚度无关，γ强度曲线在岩层中部呈平行井轴的直线段。岩层厚度小于三倍井径时，异常幅度随岩层厚度加大而增大。

③当岩层厚度大于井径三倍时，可根据γ强度曲线半极值点划分岩层界面，而岩层厚度不足三倍井径时，半极值点间距离大于岩层厚度。这时可用

Imax 点判定岩层界面及厚度。

2. 影响自然 γ 测井曲线的因素

①测井速度和仪器常数的影响。由于元素的放射性衰变是一个符合统计规律的过程，所以在选择不同的测井速度和仪器时间常数时，所测得的结果会有所不同。随速度和时间常数加大，曲线变得平缓，曲线对称性遭到破坏，曲线向着井下仪器移动的方向产生偏移（这里仪器为向上移动），极大值下降，而且岩层厚度越小，曲线幅值降低越明显。

②钻井参数（井液、井径、套管、水泥环等）的影响。一方面是它们对 γ 射线的吸收，另一方面是它们自身的放射性如何影响到测量结果。通常它们不含或含有极微量的放射性物质，对 γ 测井的影响以吸收作用为主。在有套管、水泥环地段或井径扩大地段，自然 γ 测井值有所下降。

③测量结果的统计涨落引起 γ 曲线产生微小的锯齿状变化。

（二）自然 γ 测井的应用

1. 确定地层泥质含量

对于沉积岩地层，除一些特殊的含放射性矿物（如海绿石等）的地层以外，其放射性和泥质含量有关。不同地区和不同层系地层，岩层放射性强弱和泥质含量关系不完全相同，但可以根据工区的测井资料和大量岩芯分析结果，按照统计的方法制作出适用于本地区的相关关系曲线。

2. 判断岩性，划分岩层

岩层中放射性物质含量因沉积环境不同而有所不同。特定的沉积环境和条件使放射性物质量有规律地分布和聚集。自然 γ 测井曲线一般与岩石孔隙中流体性质无关，与泥浆性质无关，它以不同幅值和形态反映出岩层的沉积条件和环境，由此可以利用天然 γ 测井曲线进行岩层对比。

在砂 – 泥质剖面中，砂岩天然 γ 射线强度较弱，黏土层中 γ 射线强度最高，砂质泥岩、泥质砂岩 γ 射线强度居中。在碳酸盐岩剖面中，石灰岩、白云岩天然 γ 射线强度最弱，黏土岩 γ 射线最强，而泥质灰岩、泥质白云岩 γ

射线居中。可以利用这些不同的天然 γ 射线强度划分岩层。

在井孔中进行了自然电位测井和天然 γ 测井工作。由于岩盐大量溶解，泥浆矿化度和地下水矿化度相近，自然电位测井曲线近乎于一条直线，无法用来区分不同岩性。而天然 γ 测井不受泥浆矿化度影响，测得的自然 γ 测井曲线对不同岩层有不同反映：泥岩自然 γ 幅值比较高，尤其是海相泥岩；砂岩、石灰岩、岩盐、方解石的 γ 值都比较低；花岗岩的 γ 值更高，其放射性很强。根据所测得的自然 γ 测井曲线的变化区分不同岩层，划分井孔剖面。

二、γ-γ 测井

γ-γ 测井是以岩层对 γ 射线的散射和吸收性质不同为基础的一种测井方法。γ-γ 测井的井下仪器中放有 γ 源。从放射源射出的 γ 射线与岩石中的电子发生碰撞，经碰撞散射后的部分 γ 射线传到井下探测器中。地面仪器测量并记录经散射的 γ 射线强度。井下仪器下端安置有 γ 源，上部安有探测器。为防止 γ 射线由放射源直接进入探测器，在放射源和探测器之间设有铅屏。为了消除泥浆影响，使井下仪器中 γ 源的铅屏开口对着岩层，并用弹簧片使井下仪器紧贴井壁移动，在移动过程中进行测量。

γ-γ 测井按选用 γ 源能量工作方式的不同可分为密度测井、选择 γ-γ 测井、岩性－密度测井。

（一）γ-γ 测井方法原理

γ-γ 测井所测量记录的散射 γ 射线的强度，主要取决于岩石对 γ 射线的吸收程度。前面已经讲过，γ 射线对物质有光电效应；康普顿－吴有训效应及电子对形成三种作用。岩石对 γ-γ 射线的吸收是三种效应吸收的总和。各种效应的强弱既与 γ 射线的能量有关，又与元素的原子序数有关。对不同能量的 γ 射线和一定元素而言，其中有一个效应是主要的，因此，不同条件下的 γ-γ 测井反映了岩石的不同方面的性质。

1. 密度测井

密度测井中常用的 γ 源有 60 Co 和 137 Cs。60 Co 的 γ 射线能量为 1.33 MeV 和 1.17 MeV，137 Cs 的 γ 射线能量为 0.66 MeV。对于构成沉积岩的大多数元素，原子序为 1~20，上述 γ 射线与这些轻元素之间的作用以康普顿散射为主。此时康普顿吸收系数与岩石密度成正比。γ–γ 测井曲线变化反映了岩石密度的变化。所以这种 γ–γ 测井又称为密度测井。

2. 选择 γ–γ 测井

当选用能量较低的 γ 源，且有选择地测量低能量的 γ 射线时，这些 γ 射线穿过岩石以光电效应为主。光电效应吸收系数与 γ 射线能量的三次方成反比，与原子序数的 3~5 次方成反比。所以采用低能量的 γ 源的 γ–γ 测井，其测井曲线变化反映了岩石的有效原子序数的变化（有效原子序数 $Z=3\sum Z_i 3P_i$；Z_i 为组成岩石的第 i 种元素的原子序，P_i 为第 i 种元素在岩石中所占的重量百分比）。当岩石中有少量金属矿物时，有效原子序明显增大，所以这种 γ–γ 测井能探测金属含量很低的金属矿，称其为选择 γ–γ 测井。

3. 岩性–密度测井

这是近年来国外开展的一种新测井方法。它采用长、短源距，按能量不同分区记录散射 γ 射线的强度，称为岩性–密度测井。它综合利用康普顿效应和光电效应，测量与康普顿效应有关的、能量高于 200 keV 的散射 γ 射线，以反映岩层密度；而能量低于 200 keV 的散射 γ 射线，由以康普顿散射为主逐步过渡到以光电效应为主；测量 40~80 keV 的低能区以反映岩层中元素的原子序数，用以判断岩性。测量多种能量散射 γ 射线，互相配合可以准确地确定岩性，对研究矿物成分，确定某些高原子序数的元素，判断裂隙等都有明显优势。

（二）影响 γ 测井的因素

γ–γ 测井通过测量散射 γ 射线的强度来研究井孔剖面。而 γ 射线由 γ 源发出后，通过井液，再经过岩石散射才到达探测器，这样仪器周围的井液以及井径大小的变化必将影响探测结果。通常泥浆密度加大，$\gamma-\gamma$ 测量数值减小；泥浆密度减小，$\gamma-\gamma$ 测量数值加大。同时泥浆密度比岩石密度小得多，井径变大时，探测范围内介质平均密度变小，影响 $\gamma-\gamma$ 测井观测结果。此外，γ 放射源放出的 γ 射线强度及能量的大小不同，井下仪器所选用的源距大小，井下仪器外壳所用的材料的不同以及探测器放射源之间铅屏位置、厚度等也都影响 $\gamma-\gamma$ 测井的测量结果。为了减少这些因素的影响，一般 $\gamma-\gamma$ 测井工作中，保持整个井孔中泥浆均匀，井下仪器紧贴井壁，选择一定能量、强度的 γ 源，并根据工作要求选择一定源距，同时进行井径测量，测量沿井孔的井径变化曲线。

$\gamma-\gamma$ 测井曲线和 γ 测井曲线一样，也受测井速度、时间常数以及统计涨落误差影响所带来的曲线畸变。

（三）$\gamma-\gamma$ 测井的应用

1. 划分岩性

利用岩石密度不同对 γ 射线吸收的不同，用测得的 $\gamma-\gamma$ 测井曲线的变化来区分岩性。

2. 确定岩层孔隙率

在水文地质及油田钻孔中 $\gamma-\gamma$ 测井主要用来确定岩层密度，计算岩层孔隙率。

3. 划分含水层

采用 γ 测井和 $\gamma-\gamma$ 测井进行测量，对应砾石层都得到了低值异常，$\gamma-\gamma$ 测井反应尤为明显。

三、中子测井

中子测井是利用中子和物质的相互作用产生的各种效应来研究井孔剖面的一组测井方法的总称。进行中子测井时，将装有中子源和探测器的仪器放入井孔中。中子源发射出的高能中子射入井中和井孔周围的岩层中。探测器探测记录与周围物质发生了作用的中子或中子与周围物质作用后所发射出的 γ 射线。如探测记录的是与周围介质作用后形成的热中子，称为中子–中子测井。如探测记录的是中子被周围介质俘获后，其所放出的 γ 射线则称为中子–γ 测井。中子测井通常是利用放射性同位素核衰变时产生的 α 粒子去轰击 Be 时所放射出的中子作为中子源。常用的有 Am-Be 源，半衰期为 458 年，Po-Be 源，半衰期为 138 d。

中子测井的探测范围、指从中子源发出，且返回探测器的中子在岩层中所能渗入的平均深度。它不是一个固定值。其大小和岩石孔隙率、含氢量等有关。在致密岩石中平均渗入深度约为 60 cm；在孔隙大的岩层中，中子渗入深度不大于 20 cm。一般认为在深 15 cm 的孔径时，小孔隙地层的探测范围为 60 cm 左右，大孔隙地层中探测范围为 20 cm 左右。

（一）中子与物质原子核的作用

根据原子结构的理论，我们知道中子是中性粒子，其质量为 1.6747×10^{-24} g。中子处于自由状态时是不稳定的。它会变成一个质子、一个电子和一个中微子，并放出能量。中子半衰期是 12.8 min，中子对物质的穿透能力强。按中子所具有的能量可把它分为：快中子（能量大于 100 keV）；中能中子（能量为 100 eV~100 keV）；慢中子（能量小于 100 eV）。慢中子还可再分为超热中子（0.1~100.0 eV）和热中子（平均能量处于 0.025 eV）。

中子测井中使用的中子源释放出来的中子的能量不是单一的，而是连续变化的。目前测井工作使用的中子源放射出的中子能量在几兆至十几兆电子伏特之间，属于快中子。这类中子进入岩层与其原子核的作用为如下及方面。

1. 中子的散射

中子与原子核发生碰撞时，有弹性散射和非弹性散射。当中子与原子核发生弹性碰撞时，遵循动量守恒和能量守恒定律，中子被碰撞后改变其能量和运动方向。而非弹性散射引起核的激发，原子核除增加了动能外，还从基态跃升到高能级,当其由高能级回迁到基态时,放出 γ 射线。中子的能量足够大时,才能发生非弹性散射。所以从中子源发出的中子只在最初一两次碰撞时才可能有非弹性碰撞,其后都是弹性散射。

中子与原子核发生碰撞后,能量逐渐损失,最后减速为热中子,直至被吸收。

2. 中子的核反应

中子不带电,可以较容易地进入其他物质的原子核。中子进入原子核为其俘获时,使原子核处于激发状态,发生核反应。

最常见的核反应是(n,γ)反应,即原子核俘获中子放出 γ 射线的反应。大部分同位素都发生这一反应。当中子能量很大时,发生(n,P)反应,即原子核俘获中子后,放出质子和 γ 射线。在使用快中子时,也发生(n,α)反应,即原子核俘获中子后,放出 α 射线。还可以发生(n,2α)型反应。

3. 中子活化

一些稳定的原子核在中子作用下发生核反应,结果变成新的放射性核。这种现象称为活化。活化后的放射性同位素以其自身的半衰期进行衰变,同时放出放射性射线。我们把活化核衰变时放射出的 γ 射线叫作次生活化 γ 射线。活化物放出的 γ 射线是缓发的,并按指数规律衰减,而中子与核发生反应时所放出的 γ 射线是瞬发的,随着核反应的发生而发生,随着核反应的结束而终止。

(二)岩石的中子性质和中子测井与岩石所含元素的关系

中子源所释放出的中子与岩石中的原子核发生上述反应,其过程可分为两个阶段:减速阶段——中子减速为热中子,这一阶段主要是中子与原子核发生弹性碰撞;扩散阶段——从形成热中子到中子被俘获,这一阶段中子断续与原子碰撞,直至被俘获为止。

经研究发现:快中子从中子源发出,与原子核发生碰撞而减速为热中子的平均碰撞次数和与其碰撞的原子核的原子量有关。原子核的原子量越大,所需碰撞次数越多;反之越少。氢核原子量最小,所以中子与氢核碰撞减速为热中子所需碰撞次数最少。因此氢核是最强的减速剂。用减速长度 L_f 表示由介质减速作用造成的中子空间分布概念。减速长度与中子从初始能量减到热中子时所走过的直线平均距离成正比。岩石中含氢量越大，L_f 就越小。

中子和岩石中原子核作用使热中子被俘获时，不同原子核俘获中子的几率不同。B、Hg、Mn、Cd 和 Cl 等有很强的俘获能力。Cl 是岩层中最常见的元素，其含量与岩层水中盐含量有关。从热中子形成的位置到它与原子核碰撞被俘获的位置之间的平均直线距离叫扩散长度 L_d。物质对热中子的吸收能力越强，L_d 就越短。

对于中子-中子测井，观测值是热中子密度。前已述及，热中子密度与岩石中所含氢的多少密切相关。同时仪器读数还与井下仪器的中子源至探测器之间的距离，即源距有关。图 5-5 给出了岩石不同含氢量条件下热中子密度（N，即次数）的分布。如图 5-5 所示，在中子源附近（l 较小时），热中子密度（N）随含氢量增大而增大。距离中子源较远的地方（l 较大时），热中子密度（N）随含氢量增大而减小。从图 5-5 上我们还可看到不同含氢量的几条热中子密度分布曲线有一交点。在交点处，热中子密度和介质中氢的含量无关，即当源距等于交点处的 l 值时，测得的热中子密度（N）与介质含氢量多少无关。称这个距离 l 为零源距。实际测井工作中，源距在 35~40 cm 时，热中子密度与介质含量无关。通常测井时，采用大源距（即选用源距大于零源距），测得的热中子密度随岩层含氢量的增大而减小。根据实验结果得知：热中子密度读数大致和岩层含氢量的对数成比例。

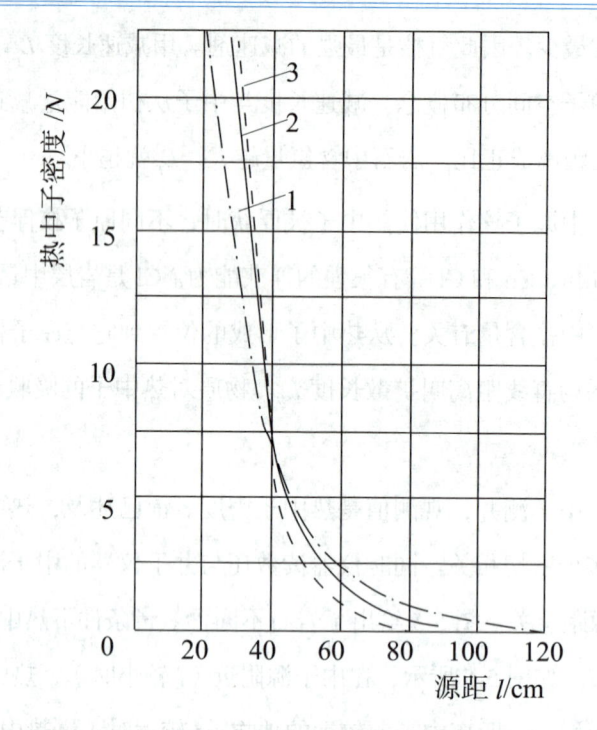

图5-5 热中子密度与介质含氢量、源距之间的关系

1—岩层含氢体积为10%；2—岩层含氢体积为20%；3—岩层含氢体积为25%

对于中子 γ 测井，所测得的俘获 γ 射线强度与源距及岩层含氢量的关系，基本上和测量热中子密度情况相似。但由于 Cl 原子核俘获中子时，放射出多个高能量的 γ 量子，岩层含 Cl 多时，中子-中子测井读数降低，而中子-γ 测井读数却增大。

（三）中子测井的应用

1. 判断岩性、划分钻孔地质剖面

各类岩石因其结构不同，含氢量也就有所不同，因此可以根据中子测井曲线划分岩性，尤其是配合自然 γ 测井能取得更好的效果。

几种常见岩石的中子测井反应如下：

①泥岩。由于泥岩总孔隙率大，含有大量吸着水，所以在中子-中子测井及中子测井曲线上均表现为低数值，特别是泥岩段井径经常扩大，就更降低了其强度值。然而它在自然 γ 测井曲线上为高值，把两者结合起来，即可划分

出泥岩。

②致密砂岩、致密灰岩、白云岩和硬石膏。由于它们的孔隙率小，中子-中子测井及中子-γ测井曲线上均对应着高值，而在自然γ测井曲线上为低值。

③渗透性砂岩、裂隙发育的石灰岩。当其含低矿化度水时，中子-中子测井和中子-γ测井曲线上的反应为中等数值（自然γ测井曲线上为低值）。当含高矿化度水时，中子-中子测井曲线对应为低数值，而中子-γ测井曲线上对应段为高数值（自然γ测井曲线上为低值）。当其中充满天然气时，中子-中子测井曲线和中子-γ井曲线上均反映出比含油层、含水层的幅值高（自然γ测井曲线上仍为低值）。

④岩盐层。由于其中含有大量的Cl元素，中子-中子测井曲线上反应为低数值，中子-γ测井曲线上反应为高数值。

在这个井孔中进行了多种方法的测井工作。各种测井方法所测得的曲线和对应的岩性剖面。对应于不同岩层，自然γ、中子-中子和中子-γ测井曲线有明显不同反应。在泥岩中，中子-中子和中子-γ测井值低，而自然γ测井值高；在石灰岩或泥质灰岩中，3种曲线值相似，为中等值；页岩与砂砾岩的中子-中子和中子-γ测井值相近，但是页岩的自然γ测井值更高；砂岩与砂砾岩的自然γ和中子-中子测井值相近，但是砂岩的中子-γ测井值更高；石膏与无水石膏的自然γ测井值相近，但是无水石膏的中子-中子和中子-γ测井值更高；岩盐的自然γ和中子-中子测井值都比较低，但是它的中子-γ测井值比较高。由此依中子-中子、中子-γ测井曲线和自然γ测井曲线综合划分了井孔剖面。

2. 确定岩层孔隙率

当岩层中不含带结晶水的矿物和泥质且孔隙中充满了水或油时，孔隙率的大小决定了地层含氢量的多少。通过中子测井可以研究岩层孔隙率。实际工作中为了通过中子-γ测井曲线确定岩层孔隙率，要先在标准井中（一般是在不同孔隙率的饱含水的石灰岩中）进行测井仪器的刻度。做出中子-γ测井强度值和孔隙度的关系曲线。而后可以由仪器测得的读数换算为岩石的孔隙率。现代测井技术中，由中子测井读数向孔隙率的换算是通过仪器中的计算器直接进行的。

四、放射性同位素测井

（一）概述

放射性同位素测井也叫放射性示踪测井。在井孔中利用放射性同位素作为指示剂，以探测渗透性岩层和研究地下水运动特性，检查钻孔技术情况（如出水位置、套管破裂位置等）的测井方法称为放射性同位素测井。

进行放射性同位素测井时，将含有放射性同位素的活化液体注入井孔中，大部分放射性同位素将与液体一起进入渗透性岩层或岩体裂隙、洞穴中，然后在投放井或邻近井孔中（检查井），测量指示剂浓度或 γ 射线强度。

放射性同位素测井所使用的同位素一般是由核反应形成的人工放射性同位素。选择用于同位素测井的放射性同位素，应考虑以下要求：

①为了工作方便，应选择能溶于水的同位素化合物。

②选用的同位素能放出较强的 γ 射线，以利于穿透井内套管等，便于测量。

③选用半衰期适中的放射性同位素。半衰期太短的放射性同位素不利于保管、运输、观测；半衰期太长的放射性同位素造成污染，且对以后的放射性测量工作不利。

④选用易于制作、使用安全、价格便宜的放射性同位素。另外在研究地下水运动特点时，应选用流经岩层时不易被液体吸附的放射性同位素。

（二）群井工作方式

利用一孔投源、多孔接收分析示踪剂浓度的变化也可求出含水层的弥散系数，进行地下水污染的预测和调查，还可借助该方法进行地下水的连通试验，了解坝基或其他水工建筑物的渗漏情况。

（三）放射性同位素测井应用

1. 确定地下水流向、流速、流量及渗透系数

为确定地下水流向、流速、流量等水文参数而进行放射性同位素测井时，一般是先将溶有放射性同位素的泥浆或水溶液注入井孔中，待其随地下水流动后，在附近井孔中测量其 γ 射线强度。根据附近井孔中所测得的 γ 曲线，可以确定地下水流向、流速。

2. 确定井内出水位置或套管破裂处

可以先在投放井中注满含有放射性同位素盐类的溶液，例如含 131 L 的盐溶液之后立即进行测量。这时 γ 射线测井曲线近似于一条直线。而后，每隔半小时或一小时进行一次测量。在地下水出水处，γ 射线强度有所减弱。为加快实验，可定期向上提捞井液，以减小井内水压，加大出水量，这样所测得的 γ 射线强度曲线的变化将更加明显。

另外也可采用向井内注入硼酸溶液，之后进行中子 – γ 测井，以判断出水位置的方法。具体做法是，首先在井孔中进行中子 – γ 测井，之后向井孔中注入一定量的硼酸，使整个井孔中的硼酸浓度近于相等（为 2~3 g/L）。注入硼酸后进行第二次中子 – γ 测井。测量被激发的 γ 射线的强度。这时测得的 γ 值将明显降低，而且曲线变的平直了。此后每隔半小时测量一次 γ 射线强度。在出水位置处溶液中的硼离子被冲走，出水位置处的 γ 射线强度值逐渐增大。γ 射线强度值趋于同一点第一次所测得的 γ 射线强度。由此确定出水位置。同理亦可用来测定套管破裂处。

此外，吸水剖面的测量对于了解含水层的渗透性、压水试验中各个地层的吸水性能都是非常重要的。测量时，先测一条自然 γ 背景曲线，然后再将活化悬浮液注入井内后测一条活化 γ 曲线。由于吸水层在吸入水的同时，固相载体滤积在相应层段的井壁表面，形成一层活化层。地层吸水量越大，同位素载体在井壁上的滤积量越多，于是两条 γ 曲线幅度相差就越大。

第六章 资源开发概述

地球是人类和生物物种生存的地方，人们开采的各种矿产都存在于地壳或岩石圈之中，它们都是由于地壳的物质运动和演变才形成的。但是，这些运动和变化不是孤立进行的，而是与地壳内部和外部的物质及其运动有密切关系。本章主要阐述了地球及其地质作用、全球矿产资源的概况及矿产资源开发的生态文明问题等内容。

第一节 地球及其地质作用

一、地球及地球的构造

（一）地球的形状和大小

人们通常所说的地球形状是指地球固体外壳及其表面水体的轮廓。

在长期的生产实践中，人们一直在反复曲折地认识地球的形状。一开始，人们认为地球的形状是圆球形。到 18 世纪末，人们普遍认识到地球为极轴方向扁缩的椭球。到 20 世纪 70 年代，由于人造地球卫星等空间技术发展大大推动了人们关于地球形状的深入研究。从地球卫星拍摄的地球照片和取得的数据可以确定地球的确是一个球状体。它的赤道半径稍大（约 6 378 km），两极半径稍小（约 6 357 km），两者相差 21 km。其形状十分类似于旋转椭球体，但大地水准而不是一个稳定的旋转椭球体，而是有地方隆起，有地方凹陷，有时相差 100 m 以上；赤道面不是地球的对称面，其形状与标准椭球体相比，位于南极的南大陆比基准面凹进 30 m，而位于北极的没有大陆的北冰洋却高出基准面 10 m，并且从赤道到南纬 60°之间要高出基准面，而从赤道到北纬 45°之间要低于基准面。用夸大的比例尺来看，这一形状是与"梨"相类似的形状。

地球围绕通过球心的地轴（连接地球南北极理想直线）自转，自转轴对着北极星方向的一端称为北极，另一端称为南极。地球表面上，垂直于地球自转轴的大圆称为赤道，连接南北两极的纵线称为经线，也称为子午线。通过英国伦敦格林尼治天文台原地的那条经线为零度经线，也称为本初子午线。从本初子午线向东分为 180°，称为东经；向西分为 180°，称为西经。地球表面上，与赤道平行的小圆称为纬线。赤道为零度纬线。从赤道向南向北各分为 90°，赤道以北的纬线称为北纬，以南的纬线称为南纬。

（二）地球的构造

地球不是一个均质体，而是一个由不同状态与不同物质的同心圈层组成的球体。这些圈层分为地球外部圈层和地球内部圈层。

1. 地球外部

包围在地球外面的圈层有大气圈、水圈和生物圈，这些圈层我们都能直接观察到。

（1）大气圈

大气圈是包围着地球的空气圈。大气圈的上界为 1 200 km，其为大气的物理上界（根据大气中才有的而星际空间中没有的物理现象—极光确定的大气上界）。但空气全部质量的 80% 左右集中在距地面 10 多 km 的大气层底层。风、云、雨、雪等常见的气象现象都在这一层中发生。

（2）水圈

地球表面海洋面积约占 71%，陆地上还有河流、湖泊和地下水等分布，因此可以说地球表面被一个厚薄不等的连续水层包围着。这一连续包围地球的水层被称为水圈。

（3）生物圈

陆地、海洋、空中和地下土层中都有各种生物存在和活动，这个包围地球几乎连续的生物活动范围，称为生物圈。

2. 地球内部圈层

地球的内部圈层指从地面往下直到地球中心的圈层，包括地壳、地幔和地核。尽管人们对"向地球的心脏进军"充满了渴望，想弄清楚地球内部的状况，然而目前世界上深井纪录为 12 000 m，只占地球半径的 1/530，因此人们无法用直接观察的方法来研究地球的内部构造。一般采用物理方法观测地球，人们主要通过地震波的传播变化来研究地球内部的构造情况。地震波分为纵波（P）和横波（S）。纵波可以通过固体和流体，速度较快；横波只能通过固体，速度较慢。与此同时，随着所通过介质刚性和密度改变，地震波的传播速度也会随之发生改变。

地震波速度变化明显的深度，反映了那里的地球物质在成分上或物态上有显著变化。这个深度，可以作为上下两种物质的分界面，称为不连续面。在地球内部最显著的不连续面是在深度大约 2 900 km 处，S 波传播到此深度终止，P 波速度在此处也急剧降低。这个界面是古登堡在 1914 年提出的，因此又称为古登堡面，它构成地幔和地核的分界面。地震波的另一个显著不连续面，一般位于地表之下平均深度为 33 km 处，这个界面是莫霍洛维奇在 1909 年发现的，因而被称为莫霍面，它被确定为地壳和地幔的分界面，这样人们通常根据古登堡面和莫霍面把固体地球分三大圈层，即地壳、地幔和地核。

布伦在 1955 年根据地震波速度的变化和地球内部的密度变化，把固体地球分为七个圈层，分别称 A、B、C、D、E、F、G 层。

值得注意的是地震波分布情况表明，在上地幔中，有一个明显的低速层。

这个低速层是古登堡最初于 1926 年提出来的。近年来，随着观测技术发展和电子计算机运用，研究人员确定低速层存在于 60~250 km 的范围，并且具有明显的区域性。它是一个具有软塑性和流动性的层次，通常被称为软流圈。

软流圈的存在及其发现为地球的分圈提出了新的思考。直到现在,"地壳"这个术语仍然被用于标明莫霍面以上的固体地球部分,但是地球完整的刚性外部分,是固体地球的真正外壳。因此,现在有些学者提出了一种新的固体地球基本结构的划分方案,即岩石圈、软流圈、地幔圈(即软流圈之下至外核的部分,为一固体圈层)、外核液体圈(简称外核)和内核固体圈(简称内核)。

(1)地壳

莫霍面以上由固体岩石组成的地球最外圈层称为地壳。地壳的厚度相差很大,平均为 33 km,一般是大陆高山区较厚,可达 70~80 km,平原地区厚度为 30~45 km,海洋地区较薄,有的地方仅有数千米。地壳的大陆部分和大洋部分在结构和演化历史上均有明显差异,因此它可以分为大陆型地壳和大洋型地壳。大陆型地壳(简称陆壳)是指大陆及大陆架部分的地壳,它是上部为硅铝层和下部为硅镁层的双层结构。

硅铝层的物质组成与大陆出露的花岗岩成分相似,也称花岗质层。硅镁层的物质组成则与玄武岩成分相似,也称玄武岩质层。硅铝层与硅镁层之间的界面,称为康拉德面。康拉德面并不是一个普遍存在的不连续面。大陆型地壳是在原始古老地壳基础上发展起来的,最古老的岩石估计形成于 41 亿年以前。

大陆型地壳由于经历多期地壳运动,大部分岩石也发生了变形(褶皱、断裂等)。大洋型地壳(简称洋壳)往往缺失硅铝层,仅仅发育硅镁层,不具双层结构。大洋型地壳除上部覆盖着极薄的沉积物之外,几乎完全由富含 Fe、Mg 的火山岩、橄榄岩(硅镁层)组成。洋壳的岩石一般较年轻,最老的岩石形成于 2 亿年前,大部分岩石则是 1 亿年前开始形成的。

(2)地幔

所谓地幔,即莫霍面到古登堡面以上的圈层。其按照波速在 400 km 和约 670 km 深处存在两个明显的不连续面,地幔一般可以分为由浅入深的三个部分:上地幔、过渡层和下地幔。上地幔深度为 20~400 km。上地幔的成分与超基性岩十分接近。在深度 60~250 km 的范围内,地震波速度明显下降,这一层被称为低速层（软流圈）。目前人们认为，存在于软流圈中的熔融物质，是炽热的和熔融的，是能够发生某种形式对流运动的。软流圈实际上是大规模岩浆活动的策源地，中源地震（70~300 km）也发生于此。过渡层深度为400~670 km。地震波速度随深度加大的梯度大于其他两部分下地幔深度为670~2 900 km，下地幔具有比较均一的成分，其组成主要包括铁、镍金属氧化物和硫化物。

（3）地核

古登堡面以下直至地心的部分称为地核。它又分为外核、过渡层和内核。外核呈液态，一般发出P波。过渡层和内核呈固态，会出现S波。地核的物质主要是铁，尤其是内核，基本由纯铁组成。由于铁陨石往往含有少量镍，因此一些学者认为地核的成分中含有少量的镍。

（三）地壳的物质组成

地壳乃至整个岩石圈是由固体岩石组成的，岩石是由矿物组成的，而矿物又是由自然元素组成的，如石英（SiO_2）这种矿物是由硅和氧两种化学元素组成的，所以说化学元素是组成地壳的基本物质。

对地壳化学成分的研究，目前所能直接取得的资料仅来自地壳表层。许多研究者曾分析各地具有代表性的岩石标本，以求得地壳中各种元素的平均重量百分比。据克拉克等人的研究结果，仅O、Si、Al、Fe、Ca、Na、Mg、K 8种元素的平均含量，就占了地壳总量的98%以上。除以上8种元素外，其余几十种元素所占比例约为2%。为了纪念克拉克的功绩，人们将各种元素在地壳中重量的百分比，称为克拉克值。克拉克值又称为地壳元素的丰度。

必须指出，各种元素在地壳中的分布不仅在总的数量上是不均匀的，而且在不同地区、不同深度的分布也是不均匀的。地壳中的各种元素在各种地质作用下，它们不断发生分散和聚集。例如，工业上常用的Cu、P、Zn、W、Sn、Mo等元素，在地壳中的含量极少，但受到各种地质的影响，有时能在地壳的局部地区聚集起来，甚至可以聚集到工业能够开采利用的程度，这时这些有用的元素就构成了可开采的矿床。例如，Cu在地壳中的平均含量（克拉克值）

是 0.01%，但在某些地质作用下，可以在一些特殊地区聚集起来，超过 1%，这就构成了矿床。

二、地球的物理性质

（一）质量和密度

根据牛顿万有引力定律，计算得出地球的质量为 598×10^{22} kg，再除以地球体积，则得出地球的平均密度为 5.52 g/cm³。人们直接测出构成地壳各种岩石的密度是 1.5~3.3 g/cm³，平均密度为 2.7~2.8 g/cm³ 并且地球上尚有密度为 1 g/cm³ 的水分布。人们因此得出地球内部物质密度更大这个推测，其被地震波在地球内部传播速度的观测所证实。研究人员根据地震波传播速度与密度的关系计算出地球内部密度随深度的增加而增加，地心密度可达 16~17 g/cm³。

（二）压力

地球内部的压力是指由上覆物质的质量而产生的静压力，其会随着深度的增加而增大。

（三）重力

地球对物体的引力和物体因地球自转产生的离心力的合力称为重力。其作用方向大致指向地心。地球的重力随纬度的增大广而增加，两极最大，赤道最小。

但在重力异常地区研究地质情况，必须校正研究区的实测重力值，通过高程及地形校正后，再减去该区的理论重力值就可以得出重力异常值。

地球具有磁性，它吸引着磁针指向南北。但是，地磁两极不同于地理两极。因此，地磁子午线与地理子午线之间有一定夹角，称为磁偏角，由于地方的不同，其大小也会有所不同。当人们运用罗盘测量方位角时，必须利用磁偏角进行校正。磁偏角以指北针为准，偏东为正，偏西为负。

只有在赤道附近，磁针才能保持水平状态，并在逐渐向两极移动时发生倾斜，磁针和水平面的夹角称为磁倾角。磁倾角以指北针为准，下倾者为正，上仰者为负。地质罗盘上磁针有一端捆有细铜丝，其目的在于保持磁针的水平。我国位于地球北半球，因此在磁针南端多捆有细铜丝，从而校正磁倾角的影响。

地球上各地的磁偏角和磁倾角，一般都有一定的理论计算值，某些地区实测数字不同于理论计算值，这种现象称为地磁异常。地磁出现异常的原因有以下两点：一是地下存在磁性岩体或矿体，二是地下岩层有可能会有剧烈变位发生。因此研究地磁异常在一定程度上有助于查明深部地质构造，同时还有助于寻找铁、银矿床。

（五）地热（温度）

地球内部储存着巨大的热能，这人们就是常说的地热。地热主要来自放射性元素蜕变时析出的热及化学元素反应放出的能。

地壳表层的温度，主要受太阳辐射热的影响，往往随着外界温度的变化而变化，主要有日变化和年变化，但从地表向下到达一定深度，其温度不会随着外界温度的变化而有所改变，我们称这一深度为常温层。它的深度往往由于地方的不同而有所差异，一般情况下，日变化的影响深度在 1~2 m，年变化的影响深度为 15~30 m。在常温层以下，随着深度的增加，地温逐渐升高，通常可以用地热增温级或地热梯度来表示这一增温规律。所谓地热增温级，即在年常温层以下，温度每升高 1 ℃时所增加的深度。地热增温级的数值因地而异。

地球是一个庞大的热库，蕴藏着巨大的热能，在那些地热增温级高于正常情况的所谓地热异常区，它们蕴藏着丰富的热水和蒸汽资源，是开发新能源的最佳场所。

三、地质的主要作用

地球至今已经有 46 亿年的历史，并且仍处在永恒的、不断运动之中。它的地表形态、内部结构和物质成分也是时刻在变化着的，陆地上的岩石经过长期日晒、风吹，逐渐破坏粉碎，脱离原岩而被流水或风等带到低洼地方沉积下来，形成新物质，最终高山被夷为平地。过去的大海经过长期的演变而成陆地、高山，海枯石烂、沧海桑田，地壳面貌不断变化才具有今天的外形。最显著的例子是地震，强烈的地震给人类带来灾难，产生山崩地裂及其他许多地质现象。

（一）内力地质作用

由来自地球本身的动能和热能所引起的各种地质作用，称为内力地质作用。

1. 地壳运动

地壳自形成以来，一直处在缓慢的运动状态（地震、火山喷发、山崩除外），这种运动状态人们是不易察觉的，但因其范围广大，作用时间长，所以对地壳的改造作用是巨大的，它可以使海底上升变为陆地或高山，使陆地下降海水漫进成为海洋，也可以使整块大陆分裂为若干块，或使几块大陆合并为一块。因此，地壳运动在不断改变着地球的面貌。

根据地壳运动的方向可分为水平运动和升降运动两种形式。

（1）水平运动

地壳沿水平方向相对位移的运动称为水平运动。在地壳演变的过程中，水平运动这一运动形式表现得比较强烈。水平运动具体表现为岩体位移和层状岩石的褶皱现象。从板块构造理论的角度看，板块之间的相互作用控制着岩石圈表层和内部的各种地质作用过程，板块边界是构造活动最强烈的地区。大范围的水平位移均发生在板块的汇聚、离散、平错过程中。

地壳的水平运动要经过精确细致的大地测量才能观察到，如阿尔卑斯山北部边缘的三角点在五年时间内向它东北方向的慕尼黑城移动了 0.25~1.00 mm 从这一例子可见水平运动是极其缓慢的，但经过漫长的地质时期，其结果是惊人的。多方面资料证实印度次大陆是从侏罗纪时以每年几厘米的速度从南半球漂移而来的。

（2）升降运动

升降运动是指地壳沿垂直方向上升或下降的运动。升降运动在地壳演变过程中是表现得比较缓和的一种形式。大地水准测量资料表明，芬兰南部海岸的上升速度为每年 1~4 mm；英国的首都伦敦，现在正在下降，据推测，2000 年后整个城市将会被海水淹没。

地壳的升降运动对沉积岩的形成具有很大影响,其不仅控制了沉积岩的物质来源和性质,而且也影响了沉积岩的厚度和分布范围。原因在于,由上升运动控制的隆起区,是形成沉积岩的物质成分的供给区,而由下降运动所控制的沉降区,则是这些物质成分形成沉积物并转化为沉积岩的场所。

2. 岩浆作用

岩浆是在上地幔和地壳深处形成的,其主要成分是硅酸盐,炽热、黏稠、富含挥发分的高温高压熔融体是形成各种岩浆岩和岩浆矿床的母体。岩浆中尚含有一些金属硫化物和氧化物。按 SO_2 的含量不同,岩浆分为超基性(小于45%)、基性(45%~52%)、中性(52%~65%)和酸性(大于65%)岩浆。一般 SO_2 含量越多、挥发成分越少、温度越低、压力越大的岩浆,其黏度就越大;反之就越小。黏度越小,越易流动;黏度越大,越不易流动。

受地壳运动的影响,由于外部压力的变化,岩浆向压力减小的方向移动,上升到地壳上部或喷出地表冷却凝固成岩石的全过程,称为岩浆作用。由岩浆作用而形成的岩石,称为岩浆岩。岩浆作用按其活动的特点分为侵入作用和喷出作用。

(1)侵入作用

侵入作用是指岩浆上升运移到地壳内在岩石中冷凝成岩浆岩的活动过程。形成的岩浆岩称为侵入岩。根据侵入深度不同,侵入岩分为深成岩(深度大于3 km)和浅成岩(深度小于3 km)。

(2)喷出作用

喷出作用又称火山作用,是指岩浆喷出地表冷凝成岩浆岩的活动过程。该过程中形成的岩浆岩称为喷出岩(又称为火山岩)。

由于岩浆侵入的深度不同,会直接影响岩浆的温度、压力的大小等。

3. 变质作用

（1）动力变质作用

岩层由于受到构造运动的强烈应力作用，可以使岩石及其组成矿物发生变形、破碎，并伴随一定程度的重结晶作用，这种作用称为动力变质作用。

（2）区域变质作用

区域变质作用是大范围内由各种变质因素综合作用而产生的变质作用。其所形成的变质岩，以重结晶和片理化现象显著为特征，规模巨大，分布面积广泛，且往往伴有混合岩化作用发生。形成的岩石主要有板岩、千枚岩、片岩、片麻岩和混合岩等。

4. 地震

地震是地球(或岩石圈)某部分的快速颤动，是一种具有破坏性的地质作用。地球上天天都有地震发生，全世界每年有100万次到1 000万次。其中，人们不能直接感觉到的地震大部分属于微震。每年大约有5万次有感地震，仅有18次左右的具有破坏性的地震，每年仅有1~2次破坏性严重的地震。由此可见地震就像刮风下雨一样，是一种经常发生的自然现象。

地震时，震源是地下深处发动地震的地区。震中是震源在地面上的垂直投影。震源深度是震中到震源的距离。从震中到任一地震台（站）的地面距离，称震中距。

（1）地震的类型

①陷落地震。陷落地震是由于巨大的地下岩洞塌陷冲击所引起的地震。石灰岩地区有时会由于岩溶的发育而造成洞穴坍塌，这可能会引起附近微小的震动，但不会影响到较远的地区，因此山崩并不是地震的起因，而是地震的后果。

②火山地震。火山地震是由于火山活动引起的地震。火山爆发时岩浆从地下深处向上运动，当岩浆冲破上覆岩层到达地面时，能激起地面震动，这就是火山地震。这类地震通常都很小，如果严重的话，也大多局限于火山活动地区，

例如智利地震发生两天后才开始火山喷发，由此可见，火山活动也是地震的后果。

（2）震级和地震烈度

地震能量的大小和所产生的破坏程度，分别由震级和地震烈度来表示。

震级是表示地震能量大小的等级，一次地震只有一个震级。发生地震时从震源释放出来的弹性波能量越大，震级越高。人们通常将震级分为十级（即0~9级）。人对小于2.5级的地震无感觉；对2.5~4.0级的地震有一些感觉。而5级以上的地震，会给人们带来一定破坏。

地震烈度是指地震对地面和建筑物的影响或破坏程度。一般震级越高，震中地区烈度越大，距震中越远则烈度越小。一般浅源地震产生的破坏程度大、烈度高．而深源地震虽震级较大，但产生的破坏程度较小，我国使用的烈度表共分12度。距震中越近，烈度越高。通常而言，3~5度，人有感觉，静物有动，但无破坏性；6度以上，会对房屋造成不同程度破坏。等震线是指根据具有相同地震烈度的地点连接起来的线。

虽然世界上的大部分地区都发生过地震，但从全球范围看，地震主要集中在几个狭长的带中，也就是板块构造理论中板块边界所在的位置。世界上的很多地震主要集中在几个地震带中，其中环太平洋地震带最为重要，世界上80%的浅源地震、90%的中源地震及100%的深源地震都集中在那里。其次是地中海－喜马拉雅地震带和大洋中脊地震带。

由于我国处于环太平洋地震带与地中海—喜马拉雅地震带所夹地带，地震活动频发，且分布广泛，1976年的唐山地震（7.8级）就位于环太平洋地震带上。

（二）外力地质作用

外力地质作用是在太阳能的主导之下，由地壳表面的水、空气、生物来完成的。外力地质作用其作用方式有风化、剥蚀、搬运、沉积和成岩作用。其总的趋势是削高填低，使地面趋于夷平。这些地质作用是互相连续的，而又是时时开始时时进行着的，是地表岩石的破坏过程，也是沉积岩和外生矿床的形成过程。

1. 风化作用

地表或靠近表层的岩石，由于长期在阳光、空气、水和生物的作用下，发生崩裂、分解等变化过程，称为风化作用。

（1）物理风化作用

所谓物理风化作用，即在风化的过程中，岩石只发生机械破碎，而不改变化学成分的作用。一般温度的变化、水的冻结等都能引起物理风化。

（2）化学风化作用

其主要是在 H_2O、O_2、CO_2 及各种酸类影响下引起岩石和矿物的化学分解作用。这种作用不仅破坏岩石和矿物，改变其化学成分，而且还会产生新矿物。如硬石膏与水结合，可形成石膏。

（3）生物风化作用

生物风化作用是指生物活动和死亡所引起岩石的破坏作用，不仅有机械破坏，而且也有化学分解。

2. 剥蚀作用

通过自然作用将风化产物从岩石上剥离下来，同时也在一定程度上破坏了未风化的岩石，不断改变着岩石的面貌，这种作用称为剥蚀作用。风、冰川、流水等都能引起剥蚀作用。

3. 搬运和沉积作用

风化作用的产物，除小部分残留在原地外，绝大多数都被各种地质营力（风、冰川、流水、海浪、重力、生物等）搬运至沉积区沉积下来，形成沉积物的过程，称为搬运和沉积作用。碎屑物质和黏土物质等以机械搬运为主，胶体及溶解物质以胶体溶液或真溶液的形式被搬运。

（1）机械搬运和沉积作用

被搬运的物质主要是物理风化过程中所形成的机械破碎物（碎屑、黏土等）。其搬运距离与碎屑物质的颗粒大小、形状、密度和介质的搬运能力（主要指流速）有关。一般粗大的碎屑物多以滚动、滑动或跳跃的形式被搬运，细粒的可呈悬浮状态被搬运。在机械搬运的过程中，除对被搬运物质继续进行破坏外，还会进行分选和磨圆作用。

由于搬运介质搬运能力的减弱，所以在适当地段，根据颗粒大小、形状和密度依次沉积被搬运物质，称为机械沉积。沉积物颗粒由粗变细，故形成的岩石依次为砾岩、砂岩、粉砂岩、黏土岩等不同粒级的岩石。此外，在机械分异作用下，还可以形成许多有经济价值的砂矿床，如铕、金、锡、锦石、金刚石等。

（2）化学搬运和沉积作用

化学搬运和沉积作用包括胶体溶液搬运与真溶液物质搬运两种情况。

①胶体搬运和沉积作用。呈胶体溶液状态被搬运的物质，在搬运的过程中，当介质环境的变化（或其他种种原因），胶体质点所带电荷被中和时，就会因此凝聚，形成较大的质点沉淀下来。例如，由大陆淡水形成的胶体溶液和富含电解质的海水相遇时，即可引起胶体沉淀。故在海滨地区常可见由胶体沉积形成的赤铁矿、锰矿等。

②真溶液物质搬运和沉积作用。呈真溶液被搬运的物质流到适当的地区（注水盆地）以后，通过化学反应，或蒸发等过程，从溶液中沉淀出来，其所形成的岩石称为化学岩。

（3）生物搬运和沉积作用

生物对物质的搬运和沉积的作用方式可分为以下两个方面。

①促进介质中某些物质的搬运和沉积。例如，铁矿床的生成与细菌有关。又如生物活动吸收和排放出的 CO_2 可影响碳酸盐的溶解和沉淀：

②直接作为物质沉积，生成生物沉积岩。如可燃有机岩（煤、石油等）、生物石灰岩、磷灰岩等。

4. 成岩作用

使疏松的沉积物再经过压固、胶结、重结晶等作用后，变为沉积岩的过程，称为成岩作用。

（1）压固作用

在沉积物形成的过程中，由于地壳不断下降接受沉积，先堆积下来的沉积物在上覆沉积物及水体的压力下，使体积压缩、孔隙度变小，水分减少（脱水），密度增大，逐渐变成沉积岩。由黏土沉积物向黏土岩转变，由碳酸盐沉积物向碳酸盐岩转变，这些都是压固作用的结果。

（2）胶结作用

在碎屑物质沉积的同时，水介质中以真溶液或胶体溶液性质搬运的物质，也可以发生沉积，形成钙质、硅质等沉积物。这些物质充填于碎屑沉积物颗粒之间，降低了沉积物的孔隙度，并使其黏着在一起，再经过压缩、脱水作用，最终形成坚硬的碎屑岩。

（3）重结晶作用

由于地壳下降，使化学沉积物或某些非晶质、细粒物质被埋在地深处，在较高的温度和压力作用下改变结晶质或使颗粒变粗的作用称再结晶作用。例如，胶本物质变为黏土，松散的碳酸钙沉积（絮状物）变为坚硬的石灰岩等。

（三）内外力地质作用的相互关系

1. 内外地质作用的相互作用

内力地质作用所引起的变化主要是建设性的，但有时也兼有破坏作用。例如，岩浆（炽热的熔岩）上升或吞并和熔化上层某些部分，继而又凝固或侵入上层并破坏它的完整性，同时又把它填充胶结起来而成为一个新的比较复杂的整体。外力地质作用在大陆上主要是破坏性的，而在海洋中则主要是建设性的。

内力地质作用总的趋势是造成地壳表面的起伏不平，外力地质作用则为削高填低，使地壳趋于夷平。内力地质作用造成了地壳表面的起伏不平，为外力地质作用创造了条件，外力地质作用的削高填低又为内力地质作用提供了便利。在内外力地质作用下，地壳就时时处在变化和发展之中，成为一个时时在变化和发展中的矛盾统一体。

2. 地壳物质组成的相互转化

组成地壳表层的三大类岩石——岩浆岩、沉积岩和变质岩，它们并不是静止不变的，在内、外动力的作用下，它们是可以相互转化的。岩浆岩和变质岩形成于特定的温度、压力和深度等地质条件下，但随着地壳的上升而逐渐暴露在地表，在外动力的长期作用下，被风化、剥蚀、搬运，并沉积于新的环境中，后经成岩作用形成沉积岩。而沉积岩随着地壳下降埋深达到一定温度和压力时，又能转变为变质岩，甚至熔融成岩浆，再经岩浆作用形成岩浆岩。

第二节 全球矿产资源的概况

一、全球与中国矿产资源的现状

（一）全球非能源矿产资源年开采量很高

根据多方统计数据估算，2015年全球铁矿石开采量达到33.2亿3铜矿石开采量超过25亿t，金矿石开采量为14.6亿t，银矿石开采量估计达到67亿t（全球2/3的银产量以共伴生矿产产出，独立银矿石开采量仅占1/3），铝土矿开采量估计达到2.9亿t。本书介绍的18种主要非能源矿产2015年的矿石开采总量估计接近100亿t比2015年全球煤炭78亿t的开采量还要多。

非能源矿产的开发满足了社会经济发展的物质需求，同时也创造了巨大的社会财富。2015年全球铁矿的初级终端产品粗钢的年产值达到4 900亿美元，

铝土矿生产的初级产品电解铝年产值达1 120亿美元，铜矿初级产品电解铜年产值达1 080亿美元，这些资源的开发为全球经济发展做出了巨大贡献。

矿产资源是人类社会生存与发展的重要物质基础，人类对矿产资源的开发利用有力促进了生产力发展和社会文明进步。人类文明的发展史与矿产开发利用密切相关，从旧石器时代到新石器时代再到青铜器时代、铁器时代，直到今天的电子信息时代，人类开发利用矿产资源水平的每一次巨大进步，都伴随着一次社会生产力的巨大飞跃。

现代社会发展生产所需的大多数原材料、能源、农业生产资料等都来自矿产开发。重要工业部门如冶金、化工、电力、建材、机械、轻工、交通等领域的生产，或以矿产品为其燃料和原料，或以矿产品为其主要产品。我们每天都在使用的产品从厨具到手机，从空调到电视，从住宅到桥梁，从汽车、火车、飞机到轮船，还有化肥、催化剂等，这些都主要来自矿物原料。全球最大的矿业公司之英美黄金阿散蒂公司首席执行官马克先生 2012 年指出：全球矿业直接和间接带动的行业对全球 GDP 的贡献率超过了 45%。

虽然发达国家的人均矿产消费量已趋于稳定，但由于全球人口增长、发展中国家人民生活水平不断提高、新技术产业发展等因素，全球矿产资源的需求还在不断上升。

展望未来，人类发展对矿产资源的需求进入了新的历史时期，以新能源、新材料和信息技术等为代表的新技术产业的发展正在改变并将继续改变人们的生活方式，并深刻影响人类社会未来发展。作为发展高新技术产业的关键原材料，七大类矿产资源必不可少，这七类矿产包括稀土、稀有金属、稀散金属、粕族金属、轻金属、重金属和非金属。其中大多数用于新技术产业的矿产品品种目前难以替代。例如，广泛应用于电动汽车、风力发电等行业的磁性材料需要的稀土、钴、镓等矿物原料；人们普遍使用的各种移动电子设备及电动汽车储能材料需要的石墨、锂、钴、萤石、磷灰石等矿物原料；光伏发电需要用到的高纯石英、铟、硒、镓等原料；LED 光源和发光材料需要的镓、稀土等原料；芯片、集成电路、显示器需要的镓、锗、铟、碲、硒、锡等原料；石墨烯需要用到的原油或天然石墨等原料。可以预计，与新技术产业相关的矿产需求将以较快的速度增长。。

（二）中国因素

最近几十年，我国工业化和现代化进程的发展速度举世瞩目，同多数工业化国家经历的过程相似，高速发展的经济需要大量的矿产资源作为基本物质条件，尤其对于我国这样一个国土辽阔、全球人口最多的国家。几十年来，我国对主要矿产品的需求成倍增长，大宗矿产产量和消费量占全球总量的40%~50%，有的品种甚至达到60%~70%。最近20年，世界矿产需求增量大部分都来自中国，由此形成了长达十几年的大宗商品超级周期。我国已成为主要非能源矿产品消耗量最大的国家，每年不仅进口大量的铁精矿、铜精矿、铝土矿、铅精矿、锌精矿、铁矿，甚至还需要进口相当数量我国传统的优势资源矿种，如锡精矿、钨精矿、铀精矿等，以满足下游加工业的需求。2016年，我国的铁矿石进口量达到10.24亿t，占到全球铁矿石总产量的46%，铝土矿进口量达到5 178万t，占全球铝土矿总产量的20%，银矿进口量达到3 200万t，铜精矿进口量达到1 696万t，锌精矿进口量达到200.7万t，铅精矿进口量达到141万t。

二、全球矿产资源的未来

全球矿产资源的未来发展体现在以下几个方面。

（一）全球矿产资源需求仍将增长

中国作为全球经济增长的发动机，目前的经济发展进入了新的历史时期，作为全球非能源矿产需求量最大的国家，我国未来矿产资源需求增速将放缓，并成为常态，新兴经济体国家和其他人口大国短期内矿产资源的消耗水平难以大幅提高。随着发展中国家人民生活水平提高，全球矿产资源需求量仍将增长，传统的大宗矿产品铁、铜、铝、银等矿产品的需求增速将放缓，与新能源、新技术相关的稀有、稀散和其他矿产的需求增速正在加大。近年来，锂、稀土、钴、石墨等矿产在新技术领域的需求量高速增长，未来这一趋势仍将持续。

（二）矿产资源不会在短期内枯竭

当然，地球上的矿产资源是有限的，经济发展必然消耗大量矿产资源，除了汞之外，其他几乎所有矿种的消耗量都在持续增长。如果全球矿产消费持续时间足够长，矿产资源就会慢慢枯竭。然而回顾过去的历史，我们知道矿产资源不会在短期内枯竭。

20 年前，全球很多矿种资源储量的静态保障年限就只有 30~40 年，经过 20 年产量不断增长的开采后，我们发现多数矿种的储量反而有所增加。但是，金属可以再生，矿产资源不可再生，我们终将耗尽矿产资源，二次资源利用、替代资源的开发、新技术的采用将会延缓这一时刻到来。

（三）矿产资源的保障将依靠多种途径

未来的全球经济发展，矿产资源仍然是重要的物质基础，矿产资源的保障将依靠多种途径。

①提高二次资源利用率，在全球推广金属和矿产的循环利用技术。

②扩大矿产勘探区域，寻找更多的勘查靶区，加强传统矿产区 500~3 000 m 深部区域的勘探开发工作。

③改进矿产资源勘探技术，利用大数据分析改进地球化学和地球物理找矿方法；研发新的高精度磁、重、电探测仪器，改进钻探工艺设备；发展钻孔结合电法、磁法等物理勘探深部找矿技术。

④研发矿产资源开发利用新技术，提高矿产资源利用率，扩大矿产资源量。推广 GPS 定位、传感器、视频通信技术结合的精密采矿技术；机器人、遥控设备、自动运输设备结合的自动采矿技术；原地浸出技术；难利用矿产的综合利用技术；低品位矿产的 X 射线和光电选及重磁预选技术；有利于环保和提高开采回采率的充填法采矿技术。应用数字化技术优化采选工艺控制，实现设备大型化和规模化生产，降低生产成本，通过规模化开采，降低开采品位，扩大资源量。

⑤开发新类型矿产资源如海底矿产资源、卤水资源，甚至海水资源的勘探

和利用技术。

未来，我们应该更好把握全球矿产资源变化规律，提高矿产资源勘探和开发利用技术水平，拓宽矿产资源供给渠道，立足全球谋划中国矿业布局，为我国经济长期发展提供可靠的资源保障。

第三节 矿产资源勘查

一、矿产资源概述

（一）矿产资源的概念

矿产资源是赋存于地表或地下的，呈固态、液态或气态的地质作用产物，包括能被人们利用的地表或地下矿物、矿石、油气、水等。矿产资源具有不可再生性，因而要十分珍惜和保护矿产资源。

按照通常的分类，矿产资源分为能源矿产、金属矿产、非金属矿产和水气矿产。

在我国，矿产资源归国家所有，地表或者地下的矿产资源的国家所有权，不因其所依附的土地的所有权或者使用权的不同而发生改变。

国务院代表国家行使矿产资源的所有权。国务院授权其下属的国土资源主管部门对全国矿产资源分配实施统一管理。

（二）矿产资源的分类

我国现行的《矿产资源法实施细则》将矿产资源按用途、物理性质和化学性质等分为四类，即能源矿产、金属矿产、非金属矿产、水气矿产，共计168种。

能源矿产11种：煤、煤层气、石煤、油页岩、石油、天然气、油砂、天然沥青、铀、钍、地热。

金属矿产59种：铁、锰、铬、钒、钛、铜、铅、锌、铝土矿、镍、钴、钨、锡、铋、钼、汞、锑、镁、铂、钯、钌、锇、铱、铑、金、银、铌、钽、铍、锂、锆、锶、铷、铯、镧、铈、镨、钕、钐、铕、钇、钆、铽、镝、钬、铒、铥、镱、镥、钪、锗、镓、铟、铊、铪、铼、镉、硒、碲。

非金属矿产92种：金刚石、石墨、磷、自然硫、硫铁矿、钾盐、硼、水晶（压电水晶、熔炼水晶、光学水晶、工艺水晶）、刚玉、蓝晶石、硅线石、红柱石、硅灰石、钠硝石、滑石、石棉、蓝石棉、云母、长石、石榴子石、叶蜡石、透辉石、透闪石、蛭石、沸石、明矾石、芒硝（含钙芒硝）、石膏（含硬石膏）、重晶石、毒重石、天然碱、方解石、冰洲石、菱镁矿、萤石（普通萤石、光学萤石）、宝石、黄玉、玉石、电气石、玛瑙、颜料矿物（赭石、颜料黄土）、石灰岩（电石用灰岩、制碱用灰岩、化肥用灰岩、熔剂用灰岩、玻璃用灰岩、水泥用灰岩、建筑石料用灰岩、制灰用灰岩、饰面用灰岩）、泥灰岩、白垩、含钾岩石、白云岩（冶金用白云岩、化肥用白云岩、玻璃用白云岩、建筑用白云岩）、石英岩（冶金用石英岩、玻璃用石英岩、化肥用石英岩）、砂岩（冶金用砂岩、玻璃用砂岩、水泥配料用砂岩、砖瓦用砂岩、化肥用砂岩、铸型用砂岩、陶瓷用砂岩）、天然石英砂（玻璃用砂、铸型用砂、建筑用砂、水泥配料用砂、水泥标准砂、砖瓦用砂）、脉石英（冶金用脉石英、玻璃用脉石英）、粉石英、天然油石、含钾砂页岩、硅藻土、页岩（陶粒页岩、砖瓦用页岩、水泥配料用页岩）、高岭土、陶瓷土、耐火黏土、凹凸棒石黏土、海泡石黏土、伊利石黏土、累托石黏土、膨润土、铁矾土、其他黏土（铸型用黏土、砖瓦用黏土、陶粒用黏土、水泥配料用黏土、水泥配料用红土、水泥配料用黄土、水泥配料用泥岩、保温材料用黏土）、橄榄岩（化肥用橄榄岩、建筑用橄榄岩）、蛇纹岩（化肥用蛇纹岩、熔剂用蛇纹岩、饰面用蛇纹岩）、玄武岩（铸石用玄武岩、岩棉用玄武岩）、辉绿岩（水泥用辉绿岩、铸石用辉绿岩、饰面用辉绿岩、建筑用辉绿岩）、安山岩（饰面用安山岩、建筑用安山岩、水泥混合材用安山玢岩）、闪长岩（水泥混合材用闪长玢岩、建筑用闪长岩）、花岗岩（建筑用花岗岩、饰面用花岗岩）、麦饭石、珍珠岩、黑曜岩、松脂岩、浮石、粗面岩（水泥用粗面岩、铸石用粗面岩)、霞石正长岩、凝灰岩(玻璃用凝灰岩、水泥用凝灰岩、建筑用凝灰岩)、火山灰、火山渣、大理岩(饰面用大理岩、建筑用大理岩、水泥用大理岩、玻璃用大理岩)、板岩(饰面用板岩、水泥配料用板岩)、片麻岩、角闪岩、泥炭、矿盐(湖盐、岩盐、天然卤水)、镁盐、碘、溴、砷。

水气矿产6种：地下水、矿泉水、二氧化碳气、硫化氢气、氦气、氡气。

(三) 中国矿产资源在世界上的地位

中国是一个矿产资源大国，不仅矿产种类多，资源总量丰富，而且配套程度较高，中国矿产资源在全球矿产资源构成中占有极其重要的地位。

我国已探明的矿产资源总量较大，约占世界总量的12%，但我国人均资源占有量在世界上的排名很低，名列第53位，是美国人均占有量的1/10，是俄罗斯人均占有量的1/8。有些矿产资源占世界总量的比重很大，如稀土矿产资源占世界总量的43%左右，钨矿储量占世界钨矿储量的45.7%左右，煤占世界总量的11%左右。

(四) 优势矿产资源和劣势矿产资源

地壳运动的不均衡性和地质构造活动的多期性和复杂性，造成全球各地的成矿地质条件不尽相同，世界各地形成的矿产种类、矿床的规模质量也不相同。每个国家在全球范围内都可能各有优势和劣势。中国也一样，在全球矿产资源构成中，部分矿产在世界上占有优势，但有相当数量的矿产具有明显劣势。

优势矿产：指储量居世界第一到第三位，并占世界储量基础的15%以上的矿产。主要包括稀土、钽、铌、钛、钒、钨、锡、钼、锑、锂、铍、煤、芒硝、镁、重晶石、膨润土、耐火黏土、石棉、萤石、滑石、石膏及石墨，共22种。

较丰富的矿产：指储量居世界的位次和占世界储量基础的比重这两个指标居中的矿产。有铁、铝土矿、铅、锌、汞、硫、硼、高岭土、珍珠岩及磷，共10种。

资源潜力较好，但保有储量不足的矿产：主要是石油、天然气、锰、铜、镍、金及银，共7种。

短缺矿产：储量居世界的位次和占世界储量基础的比重这两个指标都偏低，资源潜力不大，保有储量严重不足的矿产。主要是铬铁矿、铂族金属、钾盐、天然碱及金刚石，共5种。

（五）中国矿产资源的基本特点

中国既是一个矿产资源大国，又是一个资源相对贫乏的国家；既有许多优势矿产，又有短缺矿产。我国矿产资源具有以下几个方面的基本特点：

①矿产资源总量丰富，人均资源相对不足。据统计，我国矿产保有探明储量在世界上占第三位，仅次于美国和苏联。

我国人口众多，人均占有资源量少。有些重要矿产资源人均占有量较低，如石油人均拥有资源量仅为世界人均量的35.4%，铁矿人均拥有资源量仅为世界的34.8%。

②矿产种类齐全配套，资源丰度不一。世界上已知的168种主要矿产，在我国均有发现，已探明储量的矿产多达153种。但是，各矿种之间的资源丰富程度相差甚大，有的矿产可以或基本可以满足国内建设需要，如铅、锌、汞、铌、铍、钒等；有的矿产不仅可以满足国内需要，还可长期出口，如钨、锡、锑、钼、钛、石墨、菱镁矿等；有的矿产不能满足国内建设需要，需要从国外进口，如石油、富铁矿、钾盐、铬矿、锰矿、金刚石、铜矿、天然碱等。

③矿产质量贫富不均，贫矿多、富矿少。我国有一些矿产质量优、品位高，如稀土、钨、锡、锑、钼、铌、菱镁矿、石墨、滑石、石膏、盐等矿产，在世界上占有重要地位。但是，一些关系到国计民生和用量大的矿产，如铁、锰、铝土、铜、铅、锌、硫、磷等，则贫矿多、富矿少。

④超大型矿床少，中小型矿床多。我国虽然也拥有一批世界级超大型矿床，如陕蒙交界地区的神府东胜煤田、内蒙古白云鄂博稀土矿、湖南柿竹园钨矿、江西德兴铜矿。但与国外比较，超大型矿床明显偏少。

⑤共生伴生矿多，单矿种矿床少。我国的矿床中含单一成分的矿产少，共生伴生矿产多。如内蒙古白云鄂博铁矿中有稀土和稀有金属矿产与铁矿共生；

甘肃金川镍矿中有铜、钴、铂及稀有分散元素矿产与镍矿共生。

⑥地理分布极不均衡，矿产高度集中区和严重短缺区并存。由于地质成矿条件不同，我国矿产分布有明显的地域差异，如煤炭多集中于晋、陕、蒙三省区，而南方缺煤省区却多达10个；铁矿多集中于辽、冀、晋、川四省，而西北、华南地区却很少；磷矿高度集中于南方的云、贵、川、鄂四省，而北方和华东广大地区却十分短缺；铝矿则集中于晋、豫、黔、桂四省。矿产集中有利于建设原材料基地，但过多集中于边远地区，其开发利用就会受到交通条件的严重制约。

二、找矿方法

（一）找矿地质条件

找矿地质条件或称找矿地质前提，是指在各种情况下直接和间接地指示可能发现各种矿床而必须具备的一些地质条件。

通过对找矿地质条件的研究，可以掌握成矿规律，从而指导找矿工作，它是找矿工作的基础。

找矿地质条件可分为岩浆岩、地质构造、地层、岩相—古地理、岩性、变质作用、风化和地貌以及地球化学等地质条件。它们对找矿工作所起的作用虽然不同，但互有联系。一个矿床的形成，往往是各种地质因素综合作用的结果。

1. 怎样找矿——找矿方法问题

找矿方法是为了寻找矿产所采用的工作方法和技术措施的总称。它是一门既古老又现代的科学。说它古老是因为从远古人类就进行找矿活动，说它现代是因为找矿方法随着科学技术的发展不断发展，增加了许多现代科学技术方法。找矿方法多种多样，不同类型矿床有不同的找矿方法。

现在常用的找矿方法可分为地质方法、地球化学方法和地球物理方法三大类。地质方法包括地质填图法、砾石找矿法和重砂找矿法等；地球化学方法包括岩石、水系沉积物、土壤等地球化学测量等；地球物理方法包括磁法、电法、地震法、重力法、放射性法等。

矿床一般不是单纯用一种方法找到的，而是多种找矿方法综合应用的结果。地质工作者特别注重找矿方法的综合应用。

为了合理使用找矿方法，经济有效地进行找矿，必须认真做好找矿方法的选择。既要考虑矿体产出的地质环境、矿床类型、矿体特征，又要考虑地球物理与地球化学特征及自然地理景观等。

2. 在哪里找矿——成矿预测

成矿预测是为了提高找矿的成效和预见性而进行的一项综合研究工作，是根据工作区内已有的地质、矿产、遥感和物化探等实际资料，提取工作区的成矿地质条件，阐明成矿规律，预测工作区内有可能发现矿产的地段，指出找矿方向、顺序和内容等，为找矿工作提供依据。成矿预测贯穿于找矿工作的全过程。

进行成矿预测要了解工作区的成矿地质条件、成矿规律和找矿标志。成矿地质条件包括岩浆岩条件、构造地质条件、地层条件、岩相—古地理条件、岩性条件、变质作用条件、风化条件、地貌条件、地球化学条件和大地构造条件等；成矿规律包括成矿的时间分布规律、空间分布规律和区域矿产共(伴)生规律等；找矿标志主要包括地质标志、生物标志、人工标志、地球物理标志等。

成矿预测一般采用逐步缩小包围圈的方式进行，工作程度由浅入深。开始是大区域性的预测，再是小区域性的预测，然后就是矿田预测、矿区预测、矿体预测。预测的准确程度直接关系到找矿的成败和找矿的成本，预测准确度高的地方可以减少找矿风险、周期、成本，提高找矿的命中率。

（二）普查找矿

普查找矿又称找矿，简称普查或找矿，是在成矿地质条件有利的地区，运用必要的技术方法手段，发现矿体，并对工作区的地质特征、矿体做出评价。其任务包括：研究与矿产形成和分布关系密切的地质条件，预测可能存在矿产的有利地段；运用有效的技术手段和找矿方法，在有利的地段内进行找矿，并对发现的矿点或矿床进行初步的研究；阐明工作地区的矿产远景，为进一步勘查提供依据。

可以把找矿的基本问题概括为四点：找什么？到哪里去找？怎样找？找到之后怎么办？要解决这四个基本问题，就需要根据矿产资源战略形势分析确定找什么矿的问题；依据成矿地质条件、成矿规律和成矿预测，解决到哪里去找的问题；综合使用行之有效的各种找矿技术手段与方法，解决怎样去找的问题；通过地质经济评价，解决找到之后怎么办的问题。

（三）地质填图法找矿

地质填图法是运用地质理论和有关方法，全面系统地进行综合性的地质矿产调查和研究，查明工作区的地层、岩石、构造与矿产的基本地质特征，研究成矿规律和各种找矿信息进行找矿。工作过程是将各种地质现象填绘到相应比例尺的地质图上，它是最基本的找矿方法。工作中注重填图质量。如果地质填图质量不高，重要地质特征未调查清楚，容易使找矿工作产生失误。

地质填图必须做好下列工作：

①做好地质填图的各项准备工作。收集和研究已有的各类地质资料，并对填图区进行现场踏勘。

②做好实测地质剖面。实测地质剖面是研究地层、岩体和构造的基础资料，是地质填图的前提。

③针对不同的地质情况和填图比例尺，采用不同的填图方法和手段。现在应用的主要填图方法有穿越法和追索法。

④统一岩石分类命名和地质描述。地质填图范围大，岩性复杂，如果岩石分类命名不统一，认识不一致，将造成同岩异名或同名异物的现象，给连图、岩相划分、地层层序建立和对比带来困难，影响填图质量。

⑤及时做好资料整理和综合研究工作。

（四）砾石法找矿

砾石找矿法是根据矿体露头被风化后所产生的矿砾（或与矿化有关的岩石砾石），进行找矿的方法。

砾石找矿法按砾石的搬运方式可分为河流碎屑法和冰川漂砾法。该方法由来已久，因为方法简便，应用广泛，所以目前仍为基本的找矿方法之一。

河流碎屑法是以各级水系中的冲积砾石、岩块、粗砂为主要观测对象，从中发现矿砾或与矿化有关的岩石砾石，然后逆流而上进行追索、观察、研究。当遇到两条河流的汇合处，要判别含矿砾石的来源，一直逆流追溯到砾石不再在河流中出现，直至发现含矿砾石发源的山坡，继而在山坡上布置比较密集的路线网，详细研究坡积、残积层，进而推断原生矿床的位置。

冰川漂砾法是以搬运的砾石、岩块为主要观察研究对象，其方法与河流碎屑法相似。

（五）重砂法找矿

重砂法找矿又称重砂测量，是一种具有悠久历史的找矿方法，远在公元前两千年就用以淘取砂金。因为它方法简便，经济而有效，因此迄今仍为一种重要的找矿方法。山东的金刚石、吉林夹皮沟的金矿、江西赣南的钨矿、湖北广东等地的汞矿等，都是用重砂法首先发现的，而且很多是开采砂矿后发现原生矿的。

按照采样对象的不同，重砂法可分为自然重砂法和人工重砂法两种，现在主要应用自然重砂法找矿。

自然重砂法是区域地质调查中广泛使用的一种找矿方法。其过程是沿水系、山坡或海滨等，对疏松沉积物系统采集样品淘洗，通过重砂分析和研究，结合工作地区的地质、地貌条件和其他找矿标志，发现并圈出重砂异常，据此进一步追索发现矿床或砂矿床。野外取样工作与淘金差不多，一般用小型淘砂盘在水中淘洗砂土，轻矿物被淘洗掉，留下重矿物，从中挑选鉴定有用矿物及含量。重砂找矿法适用于水系发育的地区，主要用来寻找某些有色金属（钨、锡、铋、铅、锌等）、稀有及放射性元素（铌、钽、铍、锆、钇、钍等）、贵金属（金、铂、锇、铱等）以及铬、钛、金刚石等矿床。

三、找矿标志

（一）什么样的地方有矿——找矿标志

找矿标志是指那些直接和间接指示矿产存在或可能存在的现象和线索，一般可分为直接找矿标志和间接找矿标志。前者如矿体露头、铁帽、矿砾、有用矿物重砂、采矿遗迹；后者如蚀变围岩、特殊颜色的岩石、特殊地形、特殊植物、地名、地球物理异常及某些历史资料等。注意发现和研究找矿标志，可以帮助我们有效而迅速地缩小找矿工作靶区发现矿床、矿体。

各种找矿标志具有共同特点：首先，它们都与矿产有密切的关系；其次，其目标和靶区明显而易于发现。例如各种分散晕、特殊的地形、围岩蚀变及围岩颜色等等各种信息，它们或是标志鲜明易为人或仪器所感受，或是显露的范围远较矿体出露面积大。因此，通过发现和研究找矿标志，可进一步缩小靶区，最终找到矿体。

（二）地质找矿标志

所谓地质找矿标志，就是从纯地质角度找矿的一些标志，主要有矿体的原生露头和氧化露头、铁帽、近矿围岩蚀变、围岩的颜色变化、矿物学—地球化学标志和特殊的地形标志等。

有些矿体直接裸露地表未经风化或轻微风化形成原生露头，这是最直接的找矿标志。有些金属硫化物矿体的氧化露头进一步遭受强烈的氧化和风化作用，残留下针铁矿和褐铁矿在原地沉淀聚集。这种表生铁质帽状覆盖物，通常就称为"铁帽"。它是寻找金属硫化物矿床的重要标志，国内外许多有色金属矿床就是根据铁帽发现的。不同的铁帽构造形态指示不同的矿床。

在成矿作用过程中围岩也产生蚀变现象，蚀变范围往往比较大，较容易被发现，间接指示可能有矿的存在，更为重要的是，蚀变围岩常常比矿体先出露于地表，因而可以指示盲矿的可能存在和分布范围。

由于围岩与矿体的矿物组成和物理化学性质的差异，抗风化能力不同，在矿体和围岩间可能出现局部性的地形特殊变化。抗风化能力强的矿体，如含金石英脉、磁铁石英岩、伟晶岩脉等常成正向微地形；抗风化能力弱的矿体，如煤层、许多铅锌等硫化物矿体等，常是负向微地形。这也是较为有效的一种找矿标志。

（三）生物找矿标志

生物找矿标志主要指植物的找矿标志。植物的生长受土壤和土壤水中微量元素成分的影响。如果土壤下有金属矿体，则可利用与矿有关的植物标志来预测矿产。

某些植物具有在富含某些金属元素的土壤中生长的特殊习性，因而可以作为找矿的标志。例如，我国长江中下游各铜矿区都有海州香薷（铜草）的发育，因而这种植物被认为是在长江中下游地区找矿的一种指示植物。富阳民间流传着一句有关铜草的谚语："牙刷草，开紫花，哪里有铜，哪里就有它。"

有些植物因含有元素而产生生态变异现象，可作为一种间接找矿标志。如含钍 0.1% 的白杨树可高于一般树的几倍，其高度可从几十到百余米，树叶也相应巨大；如含锰高，可使石松属和紫菀属的颜色加深，使扁桃花冠颜色由白色变为粉红色；某些矿区中锌含量增高，使某些花的颜色变为深黄色和深红色；含铜多的玫瑰由红变成天蓝色。

植物群的发育特征可作为间接找矿标志。例如在硫化物矿体露头附近，植物枯萎，盐和石膏矿床上的植物矮小，而在磷矿层附近，植物生长特别茂盛。

（四）人工找矿标志

所谓人工找矿标志，就是古代从事矿冶活动留下的找矿线索，包括旧采炼遗迹、特殊的地名等。

例如，老矿坑、旧矿硐、炼渣、废石堆等是矿产分布的可靠指示。我国古代采冶事业发达，旧采炼遗迹遍及各地。我国不少矿山是在此基础上发展起来的。此外，以这些旧采炼遗迹为线索，通过成矿规律找矿及对地质条件的研究而找到更为重要的新矿体。

特殊地名标志是指某些地名是古代采矿者根据当地矿产性质、颜色、用途等命名的，对选择找矿地区有参考意义。有的地名直接说明当地存在什么矿产，如安徽的铜官山，山东牟平的金牛山等。有些地名因古代人对矿产认识的局限性，其地名与主要矿产类型有差别，但仍然指示有矿存在的可能性。例如，江西德兴银山实际上是铅锌矿，湖南锡矿山实际上是锑矿，甘肃白银厂实际上是铜矿。还有些地名不是很确定，古代人知道有些有价值的矿产，但是不明白具体是什么矿，就用"宝"来命名。如山东胶南七宝山找到铅等金属矿，山东五莲的七宝山找到铜金矿。这些地名在找矿工作中也应引起注意。

（五）地球物理找矿标志

地球物理找矿标志是间接找矿标志之一，主要是指各种物理勘探异常，包括磁异常、电异常、重力异常、放射性异常、人工地震等。目前航空物理勘探、卫星物理勘探的快速发展，更使物理勘探在找矿中起着极其重要的作用。

例如磁异常在寻找磁铁矿及其他磁性矿产，激电异常在寻找有色金属、贵金属矿产，放射性异常在寻找铀、镭等放射性矿产，人工地震在寻找油气、煤炭等矿产上都具有不可替代的作用。

地球物理找矿标志由于是间接找矿标志，不能单独依靠它圈定评价矿体，必须配合地质解释才能更好地应用各类物理勘探异常。

在实际工作中，在同一工作区或矿区，经常采用不同的物理勘探方法，圈定不同的物理勘探异常，根据不同方法物理勘探异常，进行分析对比，研究引起异常的原因，再配合地质解释等，给综合物理勘探异常一个定性结论，提高找矿效果。

第四节　矿产资源开发的生态文明问题

一、矿山地质环境与生态形势严峻

（一）环境污染

1. 大气污染

大气污染源主要来自尾矿天然尘、扬尘、天然气及矿产资源开发利用过程中产生的一些挥发性气体，其中最严重的是煤矿石堆放区产生的污染。

2. 水污染

我国由于采矿产生的废水年排放量约占全国工业废水排放量的5%，江河湖海中流入大量未经处理的废水，造成了严重的污染。

（二）生态破坏

1. 采矿严重破坏森林、草地资源

全国已经有 106 万 hm² 的森林被采矿而破坏。全国矿山开发占用约 26.3 万 hm² 的草地面积。草地退化越来越严重，退化率从 20 世纪 70 年代的 16% 上升到 37%，平均每年的增长速度为 67 万 hm²，而且仍然呈不断发展的趋势。因此，有关部门必须高度重视由于矿产资源开发而使得草场退化加剧的现象。

2. 采矿破坏了矿区水均衡

第一，降低地下水位和水资源枯竭，造成生态环境进一步恶化。由于矿井疏干排水，造成大面积区域性地下水位下降，在一定程度上破坏了矿区水均衡系统，造成大面积疏干漏斗、水资源枯竭、地表水入渗，严重影响了矿山地区的生态环境。

第二，产生的废水废渣在一定程度上污染了水体。矿山附近的地表水体，

往往作为排放废水、废渣的场所，由此就容易造成水体污染。最近几年，许多矿产地出现了食物、饮水重金属超标的现象。

二、资源节约集约利用水平有待提高

在矿产资源开发中，矿产资源节约集约利用是一个永恒的课题。未实现资源节约集约的矿产资源开发行为存在一定的负外部性问题。如大矿小开，一矿多开，利用被淘汰的技术，采富弃贫，严重浪费了国家资源，流失了国家的所有者权益，产生资源利用上的负外部性。

第七章 综合地球物理方法寻找开发固体矿产资源

固体矿产资源是以固体形式产于地壳内的有用矿产资源的总称，是人们最早发现和被利用的矿产资源，目前仍然是国民经济建设最需要的和寻找的主要对象之一。随着国民经济的高速发展，对矿产资源需求量大增，固体矿产的开发已由近地表矿产向深部隐伏矿转移。加之固体矿产矿种繁多，矿床类型复杂，地质情况千变万化。因此寻找固体矿产已进入了由地质、地球物理、地球化学等方法联合的综合找矿时代。

第一节 矿床主要成因类型、成矿地质模式及其地球物理异常特征

矿床的勘查工作的其目的在于查明矿体形态、空间位置及其有益有害组分的含量、赋存状态及其变化规律、计算各级储量进而研究开采技术条件、矿石技术加工和选冶性能等因素，为矿山开发和矿山设计提供依据。地球物理勘查矿床主要解决两个方面问题：一是研究矿床成因及其埋藏的地质条件，主要是在矿床普查阶段，运用地质地球物理填图来确定矿床可能存在的地质条件，属间接找矿；二是研究矿床赋存形态，这主要是在详查阶段进行，通过矿体的地球物理异常特征圈定矿体形态属直接找矿。由于矿床的成囚阐明了矿床在特殊地质环境与构造中形成的原因，因此根据矿床成因类型应用地球物理方法研究矿床形成的地质条件与物理条件有很大的实用性。

一、外生矿床成矿地质模式与地球物理异常特征

外生成因的固体矿产产出在年轻地台和现代地台范围内,一般可分为风化壳型、冲积型与沉积型三种次成因类型。其矿床特点是呈层状、席状或其他水平产状,同地台盖层沉积岩的层理要案一致,通常规模较大,大大超过了其他构造条件下形成的矿床。

(一)风化壳外生矿床

风化壳是地台形成物,大部分产于气候炎热、地形比较平坦和构造平静期长的条件下。与超基性矿的风化壳有关的矿床有硅酸盐镍钴矿床以及某些铁矿床;含长石的碱性和酸性岩石的风化会形成铝土矿床、某些高岭土矿床以及非晶质菱镁矿床。

矿床的地质-地球物理模型取决于风化壳的特征。风化壳的厚度可由几米到二三十米,在破碎带内达 100~150 m。风化壳的上部界面总是冲蚀界面,或者比较平坦,或者呈波浪状,而风化壳底部总是很不平坦,往往具有囊状深坑和凹陷。在裂隙岩石和不太稳定的原生岩中,风化作用强烈,也会产生很深的凹陷。

风化矿床的地质断面按物理性质可分成密度、磁化率和电阻率不同的三个基本层位。断面的底层一般由高电阻率的、往往是磁性分异良好的致密火成岩和变质岩组成。这些岩层上面常覆盖着低电阻和无磁性的海相沉积层。两层之间埋藏有物性分布具有垂直分带性的风化壳。

借助地球物理方法可以解决以下问题:①研究原生岩的成分;②填绘风化壳分布面积及厚度;③填绘构造破碎带。为了解决这些问题,通常用磁法勘探、重力勘探和电法勘探组成的综合方法。根据具体地质条件还可以补充采用其他方法,如地震勘探(在寻找产于古风化壳中的库尔斯克磁异常区的氧化矿时)。在组成富矿层主要物质的疏松矿层中,地震波的界面传播速度(3 000~4 500 m/s)大大低于围岩中的速度,疏松矿层的特点是具有吸收地震波能量的异常现象。

在绿高岭石的风化壳填图中，伽马测量提供辅助信息，因为在具有绿高岭石工业含量的地段出现较高的伽马强度。

地球物理方法常与金属量测量相结合，后者用于划分镍和钴的分散晕；还与地面中子伽马法相结合，根据捕获热中子的银伽马射线的强度填绘含镍风化壳。

现以产于蛇纹石化超基性岩体凹陷中及其与碳酸盐类岩石接触带上的砂卡岩型银矿床为例，说明综合地球物理方法探查这类风化壳型镍矿床的有效性。综合地球物理方法由重力、磁法、电阻率剖面法和电测深法组成。风化壳和原生岩石的密度差是应用高精度重力勘探的物性基础。重力异常不仅与风化壳厚度有关，还与基岩密度的不均匀性有关，所以重力勘探还必须与电法勘探相配合。由电测深资料编绘的地电剖面可明显推断超基岩体中的凹陷。根据磁法勘探资料能很好地填绘出蛇纹岩体。

（二）砂矿床

从世界采矿史来看，一些重要的金属矿的开发都是从开采砂矿开始的。该类矿床特点是产出浅、易找、易采、易选、投资少而收效快，因此自古以来一直是某些金属矿的重要来源。如各种年代的砂金型矿床占世界产金量的10%~20%，苏联一半左右的金产量来自砂金，我国金矿储量中砂金约占10%。

原生砂矿床或含矿地层由于地质营力作用破坏，外力搬运、分选、沉积，在一定条件下富集成有经济价值的砂矿床，原生矿床的规模越大，含矿岩石的出露面积越大，提供的成矿物质也越多，形成砂矿的可能性也越大。

砂矿床是许多矿床的供应者，其中如金刚石、金、铂、钛矿物、钛铁矿和金红石、黑钨矿和铝锰矿、锡石、独居石、钽－铌酸盐类、铬尖晶石、重晶石、锆石及其他重矿物—钛铁矿、金红石、水晶、刚玉等。

所有砂矿床的地质地球物理模型由两个基本层位组成：含矿层（或砂层）与含矿层下面的基岩。砂矿区主要由第四纪或古代疏松沉积物与基岩两大类物质组成。由于疏松沉积物在物质成分、结构构造、岩性、含水性、地质年代和经历都与基岩不同，因此疏松层与基岩在电阻率、极化率、地震波速与密度等物理性质方面存在有较明显的差异。

普查砂矿时一般用地球物理方法解决两个问题：①寻找古河谷；②研究基岩起伏和岩性。主要使用电阻率剖面法与电测深法。疏松沉积层厚度较大的地段一般为视电阻率低值带。地震勘探经常用来检测电法勘探成果，在条件有利地区可以对疏松层进行细分，确定含矿砂层。在多年冻土发育地区，由于冻结岩石的电阻率和地震波传播速度显著增大，使电法勘探和地震勘探效果变差，这时可应用高精度重力勘探。普查放射性较高的冲积矿床时，可应用航空与地面伽马测量。

以普查砂金矿的地球物理工作方法为例。普查含金砂矿的地球物理标志有：深侵蚀断面和基岩地形上明显的凹陷和低地的存在；基岩和疏松沉积物物性的显著差别；其他不易搬运的稳定矿物，特别是磁铁矿与砂金矿相伴生。

如果砂金矿中有磁铁矿，而下伏岩石无磁性，则采用磁法测量圈定砂矿。这时磁异常幅值为数十纳特。如果下伏岩石也有磁性，则用磁法圈定砂矿一般无效。

普查含金砂矿常用直流电法勘探，四极对称剖面和电测深法，目的是查明间接标志，如古河床中的低地和凹陷。基岩地形的低洼部分一般视电阻率较低。将测线方向选为垂直于推测的古河床走向，即测线互成角度而不形成平行线系统。测线间距取决于所推测的砂矿的延伸情况，由几十米到三五百米。测线上测点间距为 20~25 m。在这些测线上进行了电测深法，以确定疏松沉积的厚度和较准确地解释电剖面法的资料。上述综合方法有时要辅以地震和重力勘探。

（三）沉积矿床和火山沉积矿床

锰矿石的主要储量和大型低品位铁矿床都与铁和锰的沉积矿床有关。含铜砂岩和有铅锌矿化的含铜页岩矿床都是沉积成因的。此外大多数铝土矿床，非金属矿床中的磷灰岩、硫、矿物盐、石膏、重晶石、高岭土、耐火黏土、硅藻土、石灰岩及许多建筑材料矿床都属于沉积矿床和火山沉积矿床。

这类矿床的特点是矿层在断面中占有一定的地层层位，形状以层状或透镜状为主，所以地球物理方法主要用于查明具有某种矿产聚集的有利条件的构造和岩性地层标志。

1. 沉积铁矿床

沉积铁矿床发育广泛。各个矿床的储量以 10 亿吨计，并且约占世界铁矿开采量的 30%。通常最厚的富矿层产于向斜坳陷—凹地中。

在比例尺 1：50 000~1：25 000 的工作阶段，应用的综合地球物理方法包括磁法勘探、重力勘探和电法勘探，解决的主要问题是寻找充填有沉积岩层（例如，中哈萨克斯坦类型矿床中的泥盆系和石炭系岩层）的有利的向斜构造。这种构造的特征是磁场平稳和重力场较低。电法勘探用于确定古生界岩层顶部及其风化壳上界的埋藏深度。

在普查这一类型铁矿床时，应用地球物理方法的工作量有限。

2. 沉积锰矿床

沉积锰矿床在各种不同类型的钛矿床中占主要地位。在此类矿床上地球物理方法用于解决岩相–岩性和构造问题，以便圈定远景地区。这时利用比例尺 1：200 000~1：50 000 的重力测量和航空磁测、构造电法勘探和地震勘探的资料。例如，俄罗斯尼科波尔和恰图拉类型矿床的普查，首先是查明和追索乌拉尔地盾和济鲁尔结晶地块的洼地构造中的含锰建造。其基础是小比例尺航空磁测和重力测量资料的分析结果。比例尺 1：25 000~1：10 000 的磁力勘探、重力勘探、电法勘探和地震勘探的测量资料用于研究内部结构，尤其是断裂构造、矿层上覆沉积的厚度等。

3. 含铜砂岩矿床

含铜砂岩矿床约占世界铜储量的 50%。

现在讨论用地球物理方法寻找原苏联哲兹卡兹干类型矿床的实例。矿体产于土仑阶石灰岩上的中、上石炭系砂页岩地层（哲兹卡兹干层）。这些地层挤压成大型向斜褶皱，因有被断层切割的短背斜而复杂化。矿床伸展到向斜侧翼，分布在大型构造（20 km×30 km）的边缘部分。在向斜侧翼，矿层周围的岩层接近地表，而在中部，埋深在 800 m 以上。

断面的物性分异甚好。例如，哲兹卡兹干层是高电阻的基准层，具有较高的密度，表现出较高的弹性波传播速度。岩层的磁性分异较差，只有受到深部构造破碎带控制的泥盆系喷出岩具有较高的磁化率。

地球物理工作的目的是查明地层的和岩性的控矿准则，也就是填绘哲兹卡兹干层，以及构造准则，即寻找大型正构造，在其范围内寻找哲兹卡兹干岩系内发育的因断裂破碎带而复杂化的二级与更高级次的构造。

综合地球物理工作包括小比例尺 1∶200 000 的面积性航空磁测和重力测量，以及电法勘探和地震勘探的剖面性测量。目的是查明区域的、岩性的和构造的准则。由于中生界—新生界沉积盖层最厚可达 200 m，给重磁资料的解释带来了困难，所以采用电法勘探和地震勘探研究这一厚盖层。通过这些调查确定出该区的主要区域构造是具有受深断裂控制的断块构造的哲兹卡兹干－萨雷苏洼地。

1∶50 000 比例尺的普查工作的基本任务是研究褶皱和断裂构造，确定埋藏不深的、矿层周围的哲兹卡兹干岩系地段。基准层是物性差异明显的哲兹卡兹干岩系和日德利萨依岩系。用重力勘探完成面积性测量，用地震勘探按测网布置追索构造，致密的泥灰岩和含盐沉积对重力资料解释构成了困难，而向斜陡倾侧翼影响了地震勘探的效果。但两者结合，成功地确定出矿层围岩地层的埋藏深度，追索出断裂破碎带，并划分出有含铜远景的隆起断块。

4. 铝土矿床

铝土矿床根据成因可分为湖沼成因的地台型沉积矿床与地槽型沉积矿床。

（1）地台型铝土矿床

地台型铝土矿床的物理－地质模型具有下述特点。在模型中观测到地台型盖层和基底岩石之间的物性差异最大。

在区域性调查阶段，采用地球物理方法解决的主要问题有：发现成矿前地形的大型平坦隆起（地台基底），基底岩层的岩性分层，并在基底岩石中划分出铝硅酸盐类岩层（母岩）和碳酸盐类岩层或其他不含硅的岩层。应用电测深研究基底起伏，在有利条件下划分疏松沉积层；重力勘探用于调查基底构造和断面的岩性分层；磁法勘探用来划分喷出岩发育地区；在个别测线上采用地震勘探验证电测深解释结果并确定碳酸盐类岩石发育区的界线。在进行地球物理勘探的同时，也伴随地质测量和构造填图钻探。根据综合工作的结果编绘成矿前地形等高线图、AZ 等值线图和基底地质岩性图。位于有利地质条件并在空间上与磁异常一致的低洼地带应为铝土矿床成矿远景区。

（2）地槽型铝土矿床

地槽型铝土矿床与碳酸盐类岩层发育地区有关，总的来说，这些地区的磁化率很低。含铝土矿的地层引起强度为几十纳特的局部磁异常。岩石的放射性实际上无差异，而含铝土矿地层中铀和钍的含量高出 1~4 倍。

考虑到上述物理-地质模型，用地球物理方法可以解决两个主要问题：①碳酸盐类岩层发育区的填图；②普查含矿层位和沿走向与倾向追索。实现这一目标可采用 1∶25 000 万航空伽马，伴随伽马能谱测量、磁法勘探、电测深和电剖面法的地面检查工作。电法勘探可用来确定覆盖层的厚度。

5. 磷灰石矿床

磷灰石矿床有地台型与地槽型两类。由于沉积岩中磷、铀和钍的共生关系，含磷灰石地层有较高的放射性。磷灰石的放射性为 1.8~3.6 A/kg，而围岩往往不超过 0.7 A/kg。

在磷灰石矿床上用地球物理方法解决的主要地质问题如下：①划分有远景的含磷灰石地区；②研究地质结构和这些地区的岩性分层；③磷酸盐类岩层的填图（主要是在普查地槽型矿床时）。

普查磷灰石矿时，主要以航空和地面放射性测量为主。在地台型磷灰石矿床的远景区内还配有电法勘探、地震勘探和高精度重力勘探研究沉积杂岩。在地槽型磷灰石矿床用磁法勘探、电测深、电剖面法、偶极剖面法以及重力勘探进行沉积岩、喷出岩与侵入杂岩的填图。

6. 沉积硫矿床

沉积硫矿床产于断裂交叉带、平缓的短轴背斜和基底的个别构造凸起中。硫的积聚与接触石膏和硬石膏的石灰岩、泥灰岩和白云岩有关。石膏－硬石膏沉积具有高阻率和高密度。这些沉积层是电性基准层。

地球物理方法用于解决下列主要问题：①查明地区的具体构造－大地构造特点；②确定深度、产状特征和石膏－硬石膏岩层的尖灭带。这时综合方法包括电测深法和地震勘探。断面一般表现为 KH 型四层曲线。在埋藏深度很大（300~1 000 m）时用反射地震查明石膏－硬石膏层的尖灭带，石膏－硬石膏层反射波与石灰岩相比强度大。根据这种调查的结果编制构造图，在图上反映出构造单元、基准层和石膏－硬石膏岩层的尖灭带。

二、内生矿床成矿地质模型与地球物理异常特征

内生成因的固体矿产可产出在造山前期前地槽、褶皱活化区、古老地台与地台活化区。内生矿床一般均与岩浆岩体及其热液活动有关。主要可分为分异侵入体型、未分异侵入体型、伟晶岩－云英岩型、矽卡岩型、碳酸盐岩型与裂隙交代细脉与网脉型六种类型，。

（一）与侵入体分异有关的炉床

这些矿床包括银矿、钛磁铁矿、某些铬铁矿、粕矿以及磷灰石－霞石和稀土－含铝的矿床。

含矿侵入体一般呈扁平的岩盆状和岩盘状，以及岩床状。矿床往往产于侵入体内的顶板和底部附近，仅在个别情况下位于侵入体范围以外。

与侵入体分异有关的矿床是有利于应用地球物理方法的目标。侵入体在物理性质（磁化率、密度、导电性、地震波的传播速度）方面差异相当大，并具有明显的产状要素。地球物理方法用于解决下列主要问题：

①调查控制矿床分布的构造（划分出侵入体高饱和度的地带，研究富含有侵入体的穹形构造，查明破碎带和岩墙地带

②研究侵入体的形态和内部结构，以便划分出最有利于圈定矿体的地段。

综合地球物理方法包括航空磁测和航空电法勘探（旋转磁场法和无限长导线法）、地面磁测、重力勘探（电测深）、电磁法（不接地回线法）、瞬变电磁法和地震勘探法。由于该类矿床的地质条件多种多样，综合地球物理方法也多种多样。例如，为研究佩钦加构造带的深部结构以便普查铜镍矿床，采用反射地震法并配合以比例尺 1：50 000 的重力勘探、比例尺 1：25 000 的航空磁法勘探和地面磁法勘探。用地震勘探追索深部陡倾地质接触带和构造带。磁法勘探和重力勘探能确定此带的地质结构，并确定基性和超基性大型岩体和位置。

在原苏联，磷灰石－废石矿的主要矿床是依据地球物理测量发现的。下面讨论应用地球物理方法研究希宾型磷灰石霞石矿矿床的结果。希宾型霞石－正长石岩体在平面图上呈未封闭的环状。综合地球物理方法由航空磁测和地面磁测（比例尺 1：50 000）、比例尺 1：20 000 的面积性重力测量和沿放射状测线的反射地震勘探组成，用于研究平面上和深部的岩体。根据磁法测量的资料成功地圈定了岩体，而反射地震法和重力勘探的结果可以提供有关深部岩体界面性质的信息。依据这些综合资料制作了整个岩体的立体地质构造模型。

（二）未分异的和弱分异的超基性和基性岩有关的矿床

此类矿床是指原生金刚石矿床和某些钛磁铁矿和钳矿床，以及许多铬铁矿矿床。

在普查金伯利岩阶段，地球物理工作的主要任务是：①划分有远景的地区；②直接发现金伯利岩岩筒。借助于比例尺 1：20 000。的航空磁法勘探和重力测量，伴随以比例尺 1：200 000 的重砂测量，以寻找金刚石的伴生矿物（镁铝榴石、橄榄石、铬透辉石、镁钛铁矿和磁铁矿），就能很可靠地完成第一项任务。根据航空磁测资料填绘暗色岩的分布范围、反映深部断裂的暗色岩岩墙

带，取得有关结晶基底岩石成分的信息。根据重力勘探和反射法地震勘探的结果研究岩浆岩体的产状要素，进一步确定深部断裂的位置。通过这些工作，编制出大地构造概略图。那些位于深断裂内并具有有利的地质普查特征，尤其是通过重砂测量得出的地段，可认为是有远景的地段。

直接普查金伯利岩筒，这一任务比较复杂，因为地球物理方法中没有一种能给出单值的结果。比例尺 1：25 000 和 1：10 000 的航空磁法测量，伴随以比例尺 1：50 000 的重力测量，对于填绘金伯利岩筒最有可能存在的断裂破碎带及其交点来说是主要的方法。航空磁法测量伴随以比例尺 1：10 000~1：5000 的地面磁测工作，还常常与感应法、电测深法、偶极电剖面法、甚低频法、激发极化法与瞬变电磁法等电法勘探方法，以及与同一比例尺的高精度重力测量相配合。两个高度的航磁测量主要用于划分磁异常。

2. 铬矿床

铬矿床的研究，用地球物理方法解决下列主要问题：①大型超基性岩体和岩墙的填图；②研究超基性岩体上、下缘的形状和埋藏深度；③确定疏松沉积的厚度，以便研究隐伏地形的特征，用来估算它对重力资料的影响。

（三）伟晶岩与云英岩型矿床

1. 伟晶岩矿床

伟晶岩矿床是陶瓷原料（长石）、白云母、锂、铯、钽矿和绿柱石、压电石英和光电萤石，以及刚玉的来源。

伟晶岩一般在成因上和空间上与原生侵入体有密切关系。伟晶岩带产于不同时代构造的衔接处、地台的褶皱边缘、古老的构造带上，延伸数十米至数百千米。稀有金属伟晶岩带一般在成因上与黑云母花岗岩体有关。伟晶岩有较高的电阻率、压电效应和放射性。

地球物理方法的主要任务是查明对形成伟晶岩带有利的地质构造条件和随后对各个伟晶岩体进行填图。解决这些问题要借助于航空伽马－磁法测量和重力测量以及更详细的工作，使用各种不同形式的电剖面法、压电法，当浮土层厚度不大时使用伽马测量。

2. 与钠长石化和云英岩化花岗岩有关的矿床

这类矿床包括常常含有复合钨铍和钨钼铍矿石的绿柱石矿床、含云母的萤石–绿柱石矿床和含有磷钇矿和独居石的锡石–黑钨矿矿床。锆铌和稀土矿的矿化与钠长石化花岗岩有关。

钠长石化和云英岩化花岗岩往往产于较古老的花岗岩和喷出岩中，有时也在沉积岩中。花岗岩体四周的围岩通常强烈地纳长石化和云英岩化。富集稀有元素的岩体的钠长石化内接触带的厚度通常不超过数百米。

含矿云英岩的密度（2.80 g/cm³）高于花岗岩的密度。云英岩通常表现出比花岗岩零碎的磁场。在云英岩中高含量的放射性元素使其上部出现放射性测量的异常，而铍的存在提供了利用中子方法的可能性。

地球物理方法的主要任务是填绘花岗岩侵入体和蚀变岩石的内接触带。这时应用航空伽马–磁力测量和重力测量组成的综合方法，补充以电法勘探（电测深法与电剖面法）测量。

（四）矽卡岩型矿床

这是铁、钨、钼钨、铜、铅锌和含铜多金属的矿床。金矿床及其他类型的矿床与矽卡岩的关系较小。矽卡岩体的形状是极为多样的，有透镜体、似层状体、等轴状和柱状体、脉状体。

所研究的地质体（矽卡岩和花岗岩类）与围岩在磁性与放射性方面分异最稳定。所研究的地质体一般造成较强的磁场和伽马场，而且波的传播速度最低。根据电性和密度特征也能加以确定，但是金属元素的含量高会使矽卡岩的电阻率降低。

在调查矽卡岩型矿床时，地球物理方法的主要任务是：①划分出有远景的地区，即发现花岗岩类岩体、岩体与围岩的接触带、矽卡岩带；②远景区的立体填图，其主要目的是研究岩性–岩浆和构造方面的普查标志。主要地球物理方法是航空磁测和地面磁测，补充以重力勘探和电法勘探。为了进行立体填图，尤其是为了研究喷出－沉积地层的构造，确定大型构造破碎带和侵入体与围岩接触带的空间位置，除了重力勘探外还要应用地震勘探。

在研究整个地区的大地构造－构造特点时，沿着踏勘剖面线完成反射法地震勘探。沿着垂直于侵入体与围岩接触带的剖面线，以及沿着十字交叉和放射状剖面线、三角形和四方形闭合路线系统，对各侵入体进行研究。

矽卡岩型铁矿床是应用地球物理方法最为有利的目标，因为它们表现出高密度和高磁性的特征。在此类矿床上能出现强度达数千到数万纳特的局部磁异常和正重力异常，两者相符合是可靠的普查标志。由于这些矿床的导电性较高，电法勘探方法（如感应法和激发极化法）能提供很好的效果。

（五）碳酸岩矿床

碳酸岩在成因上与超基性－碱性岩岩体有关，岩体在平面上呈等轴状，面积达 50 km²。超基性－碱性岩体和碳酸岩由于磁铁矿含量大于围岩而呈现出高磁化率特征。而碳酸岩具有铀钍性质的高放射性。

地球物理方法的主要任务是：①超基性－碱性岩体和碳酸岩的填图；②研究远景地区的大地构造－构造特征。主导的地球物理方法是航空方法，即磁法和伽马能谱测量，伴随的航空摄影测量。地面工作包括磁法和伽马能谱测量，补充以岩石地球化学测量，而且有时用重力勘探辅助填绘岩体，用电法勘探填绘构造破碎带。

（六）裂隙交代细脉型与网脉型矿床

1. 细脉型矿床

此类矿床包括许多含铜黄铁矿矿床，以及某些锌和汞、锡、萤石、重晶石、菱铁矿和磁铁矿矿床。此类矿床的还有许多锡矿、钨矿和钼矿矿床，以及金－银矿床（从混有少量银的金到金－银矿床，最后到纯银矿床的宽广系列）和许多铀矿床。

虽然这种类型的矿床多种多样，但是从地球物理的观点来看，其局部化的特点有许多共同之处。在一般性普查阶段，地球物理方法依据岩浆岩、岩性和构造等普查标志组合来发现远景区。总的来说，远景区的特征是存在着火山成因－沉积地层，其中主要发育有基性和酸性成分的火山岩层系，岩石受强烈热液变质作用，并且有深断裂、构造破碎带和多裂隙带。例如，穆戈扎尔含铜黄铁矿矿床在成因上与绿岩带有关，后者由火山岩组成并形成地堑式坳陷，又因有次级背斜和向斜褶皱而复杂化。

绿岩带岩石的特征是高密度和高磁化率。在鲁德内阿尔泰，与多金属矿体有关的是有火山熔岩和粉砂岩夹层的凝灰岩。

构造规则矿床产于被构造破碎带复杂化的背斜顶部，或者产于岩石角砾化带。围岩的特征是热液变质，呈石英化、绢云母化、碳酸盐化和黄铁矿化等形式。

雅库特、远东、滨海地区的锡矿床产于花岗岩类侵入体和区域深断裂呈羽状分布的次级断裂带内。含锡花岗岩类岩体本身无磁性或呈弱磁性。但是，沿外接触带往往出现由角岩化岩石磁黄铁矿化所引起的弧形磁异常。断裂构造往往造成线状磁异常，主要也是由于其中含有磁黄铁矿。

汞矿床的主要找矿标志是构造标志。这些矿床都产于大型区域断裂和褶皱构造内。例如，中亚的锑－汞矿床局限于被断裂复杂化的穹窿构造轴部。这些矿床表现出岩性－地层的普查标志，即产于石炭系上部岩层、石灰岩与页岩的接触带内。在原苏联东北部，这种矿床沿着通过陆源沉积地层的大型断裂破碎带分布。在外喀尔巴阡，汞矿位于不同成分的蘑菇状侵入体内。

许多金矿床还产于破碎带和片理化带，在空间上与不同成分和形状的侵入体有关。

含铀地区的特征是有地堑－断块结构、深部区域断裂发育、伴生有小裂隙带和岩墙带。铀矿床矿区的主要找矿准则是在物理场中表现得很明显的构造－大地构造和火成岩特点。例如，矿区通常产于中心型和线性的火山构造中，并且其特征是不同平面的断裂构造造成不同级次的断裂密集交汇。在这些地方观测到强蚀变岩石，呈绢云母化带、钠长石化带、黄铁矿化带、高岭土化带和其他蚀变带出现，还观测到岩脉、岩墙、小型次火山体和侵入体。所有这些地质构造形成物在电性和磁性及密度方面很容易区分。

在普查裂隙交代型和细脉型矿床时，用地球物理方法解决的主要问题如下：①查明控制矿床分布的构造特点；②确定岩性岩类和时代标志（填绘岩石接触带、划分出岩类差异③蚀变岩石带的填图。在解决这些问题时，所运用的综合方法包括航空伽马－磁法勘探、重力勘探、金属量测量、电法勘探（电测深法、激发极化法、中间梯度法、感应法），在许多地区，综合方法还辅以地震勘探和地面伽马能谱测量。

2. 网脉状含铜斑岩矿床

这类矿床包括许多产于含矿侵入体接触地段的铜矿和铜铝矿床，这些矿床是侵入沉积－火山岩层，有时是侵入沉积岩层的网脉状和岩墙状花岗岩类岩体。网脉状矿床在平面图和剖面图上常常呈不规则状，接近于等轴状，其大小可达数百米。侵入岩的分布受到线状延伸断裂破碎带的控制。此带有一些羽状断裂、大断裂交叉带和断块构造。

地球物理方法用于含矿侵入体填图和查明调查区的构造情况。这些问题用磁法、重力、电法、激发极化法和岩石地球化学测量解决，在有些地区还辅以反射地震法。

根据磁法勘探资料能成功地划分出含矿侵入体，或者能划分出含矿侵入体围岩的接触带。断裂交叉带出现在重力场水平梯度增高和磁场强度降低的地段。大多数斑岩铜矿床引起强度达 10%~15% 的激电异常。当疏松沉积厚度大（为 30~50 m）时，应用激电测深法。

进行岩石地球化学测量的目的是研究铜和铅的分散晕，依据分散晕的分布来定向地确定至含矿构造和侵入体的距离，以及判断侵蚀断面的位置。用地震勘探方法研究侵入体及其构造要素。依据反射地震资料成功地追索出倾角 0°~50° 的反射界面。

三、变质矿床成矿地质模型与地球物理异常特征

这类通过变质作用产生的矿床包括世界上的最大型铁矿床、大型锰矿床、钛矿床。在非金属矿产中，变质成因的矿床有石墨、蓝晶石、硅线石、金云母、刚玉的某些矿床，压电石英矿床、大理石、石英岩、瓦板岩的许多矿床等。

在大多数情况下，铁矿床的分布受褶皱构造的控制，并有明显较高的磁场和重力场。

在普直变质成因类型的铁矿床阶段，应用地球物理方法解决的主要问题如下：①划分沉积变质杂岩和研究褶皱构造；②填绘含铁石英岩，研究其产状要素；③确定覆盖岩层的厚度和研究变质杂岩体表面的起伏。

综合方法包括航空磁测与重力测量、电测深法、电剖面法和折射波法。依据磁法勘探的资料划分出最有远景的地段，以便进行更详细的工作。例如，在库尔斯克磁异常区，这种有远景的地段相当于强度低和面积广的磁异常区。这些异常与含铁石英岩的广阔磁场，或者与厚度相当大的相邻岩层群有关。根据重力勘探资料，铁矿层中的复向斜表现出明显的正异常。为了研究结晶基底的起伏和沉积盖层岩石的特点，应用电测深法、电剖面法和折射地震法。

在黏土质页岩中寻找含钛变质矿床时，应用地球物理方法的基础在于页岩层具有比其变质围岩低的电阻率。主要地球物理方法是电测深法和使用数种供电电极距的电剖面法的不同变种。

对石墨化岩石进行填图时，主导方法是自然电场法。普查刚玉矿床时，采用包括磁法勘探和电剖面法的综合方法，并补充进行高精度重力勘探，因为刚玉具有较高的密度（3.9~4.1 g/cm^3）。结果填绘出与刚玉矿床有关的次生石英岩岩体。

第二节　不同矿产勘查阶段的综合地球物理勘查模式

矿产勘查的对象是矿藏，其成果是矿藏中经过探明和评价的矿物原料储量。由于地质工作研究对象的特殊性，因而常常不能获得预期的最终成果。只有在一整套地质勘探工作结束后，才能获得物质上的评价，用矿产的探明储量表现出来。只有在这种情况下，储量才有使用价值，才可能评价矿产勘探的经济效益。因此，矿产勘探是一种高风险投资。为了减少风险，矿产勘探过程中必须不断评价经济效益。

地质勘探也与其他工业生产部门一样，其生产的基本要求是获得最大的效益，也就是必须用最少的时间和劳动取得最多成果。矿产勘查的成果是根据所查明矿床的自然价值和对矿藏储量已达到的勘探程度来判断的。矿床的已知自然价值越大，探明储量的评价越确切，勘探费用越少，勘探时间越短，勘探工作的效益就越高。

提高矿床经济价值因素有两个途径：①充分查明有用矿化作用的规模；②全面研究矿产的质量和工艺性能，查明全部主要的和伴生的矿产组分。为了提高探明储量的地质经济评价的准确性，需要做以下三方面工作：①提高地质勘探工作的详细程度；②合理地综合利用地质、地球物理及地球化学研究方法；③充分利用通过各种地质勘探工作所获得的资料。

实现最大效益的要求是全面研究与竭力降低费用是相互矛盾的。最佳的方案是地质勘探的工作量应当花费最少的时间和劳动，而又能圆满地完成所提出的各项任务。获取补充资料而增加的费用可以用矿山企业所减少的经济损失以及在生产中能为预期增加的利润所补偿，矿床勘探工作就应继续进行。这就意味着，矿床的规模和工业价值越大，越应进行全面而详细的综合地质勘探工作。如果矿床的规模较小，地质构造和产状条件较复杂，那么从经济上限制地质勘探工作的详细程度，缩减勘探工作费用就是合理的。为了获取最大效益，矿床勘探应遵循一定的工作程序。本节我们把固体矿产的地质、地球物理与地球化学综合勘查分为三个阶段：第一阶段为成矿远景预测阶段；第二阶段为区域普查找矿阶段；第三阶段为矿床勘探阶段。

一、成矿远景预测阶段

矿产勘查中要解决的首要问题是到什么地方去找矿，为此首先要选择成矿的远景靶区。矿产地质学家、地球物理学家以及地球化学家通过地质调查与地球物理、地球化学测量获得的资料研究区域的构造、矿源层、成矿规律、成矿环境和成矿条件，预测成矿的远景区。

（一）地质任务

1. 成矿的地质前提研究

在评价固体矿产成矿区的远景时，要研究岩浆控制条件、构造控制条件、地层条件、岩性条件、地球化学条件及地貌条件等。其中主要的是岩浆、构造和地层控制条件，而区域和深部地质构造是控制全局的。区域性和深部地质构造控制着成矿区、成矿带、矿田和矿床的位置。在成矿区的划分时，区域性和深部地质构造有很重要的作用。断裂带控制着成矿侵入体的侵入。在褶皱带范围内，背斜构造和穹隆构造最有利于成矿。断裂带是岩浆侵入的通道，褶皱与大断裂交叉处往往是控制成矿的远景区。在评价内生矿区时，岩浆和构造控制是主要的；而在评价海相沉积矿床时，地层及构造则是主要的。前寒武纪是最古老和规模最大的鞍山式铁矿的成矿时期，震旦纪是宣龙式铁矿的成矿时期；上泥盆纪是宁乡式铁矿的成矿期；奥陶纪是灰岩侵蚀面上的中石炭纪底部的山西式铁矿的成矿期；二叠纪是涪陵式铁矿的成矿期。铀矿、铜矿、铝土矿等都受地层控制；有些内生矿床受不透水盖层的控制，如汞矿、锌矿、多金属矿。

2. 含矿性标志

在确定成矿远景区时，除了要考虑成矿的地质前提外，远景区内还应有含矿性标志存在。凡能直接间接证明被评价地区地下存在着矿产的任何地质、地球化学、地球物理或其他因素，都可算作含矿性标志。成矿作用的直接标志有：①天然或人工露头（矿产露头）上的矿产显示；②有用矿物和元素的原生晕和分散晕区；③有用矿物和元素的次生机械晕、岩石化学、水化学、气体和生物化学晕、晕区和分散流；④地球物理异常，⑤古探矿遗迹和矿产标志。成矿作用的间接标志包括：①蚀变的近矿围岩；②矿化的矿物和伴生元素；③历史地理和其他间接资料。

矿床埋藏较浅时，天然露头或人工露头上矿产显示是最重要的含矿性标志，根据这些标志，不仅可以判断矿产的存在，而且可以判断矿产的质量和矿化类型。研究和评价矿石露头的工作往往因矿产和围岩的表生变化而变得困难，在硫化物矿石和化学性质不稳定的其他矿石中，表生改造作用尤为强烈。

在预测隐伏矿床时，有用矿物和矿化指标元素的原生分散晕区，是在围岩中与矿石聚集体同时形成的，与矿石聚集体相比，分散晕区的规模大得多，可以算作矿石聚集体的外带，化学元素的成分和浓度，原生晕的形状、规模和分带性取决于矿石聚集体及其围岩的地球化学、矿物、构造等特点，原生晕的规模与矿石聚集体中元素的浓度成正比，而与围岩中元素的地球化学背景值成反比。

在隐伏矿床区，反映矿体的地球物理异常也可作为含矿性的直接标志。一般产生高反差异常的磁测、重力测量、放射性测量与电法测量，可用于铁矿、钍铀及硫化物矿化标志的探测。

在贵金属矿床远景区预测时，由于贵金属含量极少，含矿性质直接标志很难发现，这时利用伴生元素评价地球化学晕具有重要意义。如果伴生元素构成比主要元素更宽的晕（例如硫化物砂石聚集体的汞晕），那么用较疏的观测网即可查明。当主要元素缺失或浓度明显较小时（例如生物化学晕中的铀），可以把伴生元素（镭）作为矿化作用的独立间接标志。

（二）地质、地球物理与地球化学综合预测成矿远景区

矿产在地壳中的分布受各种成矿条件的控制，不同类型矿床，其成矿控制

条件不同，研究的重点也不同，如内生矿床着重研究岩浆岩、构造以及围岩岩性条件，沉积矿床应着重研究地层、岩性、岩相和构造条件，风化矿床还应研究风化作用条件，对各类砂矿主要研究地貌条件，对变质矿床要研究变质作用条件。

1. 地质、遥感与物理勘探结合查明构造条件

收集测区的地质、地球化学与地球物理区测成果资料，特别是遥感、航测资料，了解测区的构造骨架，在此基础上对主要构造形迹进行地质测量和地球物理调查，确定各种构造组合关系，为成矿预测提供构造条件依据。

利用遥感图像进行地质构造解释的效果较明显，其优越性表现在以下几个方面：①遥感图像视域广、概括性强，能在一张或几张相片上把规模较大的构造形迹完整地表现出来，轮廓清楚，而且连续性强，既能得到整体概念，又便于了解平面上的变化特征；②遥感图像立体感强，便于获得构造形迹的三度空间变化特征；③遥感图像客观、全面反映了地表的各种构造形迹，便于研究它们之间的相互关系和生成顺序；④在地表覆盖严重、地面工作不易识别的某些隐伏构造或深部构造中，有时在遥感图像上得到一定程度的显示；⑤卫星图像具有连续性和重复性，不同季节、不同时相卫星图像的对比分析，不仅可以揭示或推断某些构造的存在，还可以通过动态分析监视活动构造。

能用于研究区域地质构造的物理勘探方法有好几种，但从"地质效果、工作效率、经济效益"统一原则考虑，选择重力、磁法配合是合理的。多年实践表明，重磁异常形态轮廓、分布范围、幅值及梯度变化等特征与区域构造单元之间大致有这样的规律：重力高带往往反映为古生界以下老地层的隆起带、背斜褶皱带、断块凸起或地垒、结晶基底的凸起等；磁异常则反映结晶基底的变化、岩浆活动和断裂等。重磁异常的以下特征可作为断裂构造存在的依据：①重磁异常等值线的梯级带，②呈线状伸展的等值线两侧，重磁异常的主要特征（如异常轴走向、异常值变化的幅度和梯度、圈闭异常的形态特征等）存在明显差异；③等值线出现有规律的同形扭曲或突然转折；④在某一方向上出现一系列局部

圈闭，俗称"串珠状异常带"。

2. 地质、遥感与地球物理综合研究岩浆岩

利用遥感图像识别岩体，地质调查查明裸露岩体，再结合地球物理揭露隐伏岩体并确定岩体规模与分布。

不同性质、不同规模和不同构造环境下的侵入岩，具有复杂的产状形态。这些侵入岩体经历长期的地壳变化，有的已被剥蚀裸露地表，有的已接近地表。它们在遥感图像上的图形主要有圆形、椭圆形、环形、似长方形、透镜状、串珠状、分枝状、不规则块状、脉状等。在基岩裸露地区的侵入岩体，常以与围岩明显不同的色调、地形和水系类型组成上述图形轮廓。在半覆盖和覆盖区，色调已不是主要标志，而以地形、水系、植被和人文标志等景观现出侵入岩体的图形特征。

基性岩与超基性岩密度、磁化率明显高于围岩，因此利用重力与磁测资料可以比较容易圈定基性岩与超基性岩岩体。中性或酸性岩体其一般含有放射性矿物多，因此应用放射性圈定中酸性岩体最有效。当中性或酸性岩体含有磁性矿物较围岩多时，磁法也常被用来圈定中酸性岩体。

3. 地质、地球物理与钻探结合进行地层与岩性研究

研究成矿的地层前提，不仅对沉积矿床而且对内生矿床预测也是有效的。因为对具体的成矿区来说，矿产常常产出在相当窄的地史时期或地层区间。例如中哈萨克斯坦，最盛产矿的成矿期是晚海西期的铝和铜矿化作用，在乌拉尔绝大多数铜硫化物矿显示与志留纪—早泥盆纪范围内一个狭窄的地层有关。

在测区有露头地区进行地质填图，建立测区标准地层剖面。在覆盖地区可以应用地球物理方法研究地层与岩性。应该依据测区的主要岩性特征选择地球物理方法，通常在沉积岩为主的地区应以电法和地震法为主；在火成岩和变质岩广泛分布的地区，应以磁测和重力方法为主。在有钻孔的地区应投入电法。放射性与声波测井方法建立测区地层物性特征及其层序关系。

4.地球化学方法研究潜在含矿性能

矿床的最重要标志有：矿化指示元素的宽阔原生晕和残积晕或狭窄的岩石局部晕；指示矿物及其共生组合的重砂流；地下水中指示元素的高浓度晕；气体和生物化学晕。

由于分析测试技术提高，使地球化学方法研究测区含矿标志中有着举足轻重的作用。根据元素晕和矿物晕的空间分布特征确定有成矿意义化探异常位置，再结合地球物理特征对重要化探异常地区进行研究。在有成矿地质前提的地区，当物理勘探与化探均有异常显示的地区，应视为最有远景的成矿远景区。

（三）成矿远景区划分

应用地质、地球物理、地球化学对测区的成矿地质前提与含矿标志进行综合评价后，可圈定有远景的成矿区。根据矿床的工业价值以及成矿前景评价不同，成矿远景区可划分为明显有工业价值的成矿区，地表有良好找矿标志的远景区，以及地表具有微弱和不明显找矿标志的待研究区。

1.明显有工业价值的成矿区

此类地区的地质和物理勘探研究程度较高，成矿条件很好，已见有大、中型矿床，今后还能找到矿。明显的磁异常大多已验证见矿，磁法找矿的效果良好，但也还有一些异常，有待研究检查、验证。

以鄂东南地区为例。据文献记载和目前出土文物证实，早在春秋战国时期，就曾在鄂东南地区进行过采冶。中华人民共和国成立后，在这一地区做了大量的地质调查研究工作，编制了铁矿成矿规律及预测图，鄂东南区域地质图，大比例尺地质图，及大量矿产普查勘探工作。物理勘探在该区进行了大比例尺航空磁测和地面磁测，还编制了异常分布图，及几个主要岩体地质磁测综合图等。通过大量的地质和物理勘探工作，在本区提交了铁、铜、钴、银、金等十余种矿产储量报告。其中有大型铁矿床和大型铜矿床，以及中小型铁矿床、铜矿床。目前鄂东南地区，已成为我国铁、铜等矿产资源的重要产地之一。

鄂东南地区地磁测量中的明显异常，经检查见矿效果良好。然而本区航磁异常检查得还不够，这些航磁异常中还可以找到矿。该区地质和物理勘探工作者进行了以下工作，有的已取得成效，有的正开展研究。①研究磁异常极大值附近的次级低缓磁异常及剩余磁异常，找到了深部矿和已知矿附近的盲矿；②研究岩体北缘接触带负异常中的相对升高部位，并找到了盲矿；③排除叠加场，如安山岩、辉绿岩等的干扰，从中分辨出矿异常；④在各岩体之间研究寻找深大盲矿体等。

类似以上情况者，即可划为明显有工业价值的成矿区，如邯邢地区、鞍山一本溪地区等。

2. 具有良好找矿前景和标志的远景区

在此类地区开展了一定的地质调查研究工作，成矿条件良好。已发现一些矿床或矿点，对寻找矿产的类型大体上是清楚的，还有不少有希望的磁异常或异常群或异常带，有待研究验证，有的异常已初见成效。

以秦岭地区为例②。已进行了区域地质测量，中、大比例尺航空磁测，及局部大比例尺的地质测量及地面磁测，做了一定的普查勘探工作和异常检查工作。已发现一些矿床和矿点，有的异常已见矿。

通过地质调查研究，了解到西秦岭地区有着悠久的地质发展史，受到过多次强烈的构造运动，是一个复杂的构造带。秦岭是一条很特殊的构造带，预示地下的矿产是丰富的。

秦岭地区地质构造复杂，又有相当多的磁异常。本区磁异常除反映了基性、超基性岩体、断裂构造外，也有些形态规则、强度较大的磁异常，经检查验证见到铁矿，如略阳地区陕C-65-M（105）51异常，宁强地区C-65-M（105）98异常，木龙沟地区C-66-M（65）6异常等。除此以外，还有些异常所处的地质位置较好，可以研究千米以上的地质情况，深入检查异常引起的原因，对有希望的磁异常加强研究，在该区继续找矿是有前景的。

类似以上情况者，可划为具有良好找矿前景和标志的远景区。

3. 地表具有微弱和不明显找矿标志的待研究区

此类地区的地质和物理勘探研究程度较低。地表找矿标志不够明显，或是大面积覆盖，虽有磁异常群（或带），但检查不够，见矿的把握尚不大。区内有工业价值的矿床很少，或还没有找到有工业价值的矿床。

二、区域性普查找矿阶段

矿产普查是根据普查地区的具体情况，运用成矿地质理论和综合技术方法，开展寻找矿产资源的工作。矿产普查是在成矿预测的远景区内开展工作，因此普查区域应具有成矿地质条件及其存在含矿标志。矿产普查需要对区域成矿地质条件、区内矿产和物化探异常等找矿标志进行综合研究，总结矿产形成和分布规律，圈出进一步找矿远景地段，指明找矿方向。同时通过对工作区内已知的和新发现的矿点及物化探异常的检查，选择有希望的矿区和矿点，作为矿区评价或勘探的后备基地。

（1）地质任务

1. 矿区地质调查

对矿区内地层、岩石、构造、侵入体等基础地质情况进行研究，特别要对与矿产形成和分布有密切关系的地质条件进行深入研究，探讨矿产的成因以及矿产的空间分布。

矿区地质特征的研究主要是了解矿区内控制成矿的地层、岩石、构造以及围岩蚀变等。对内生矿床应注意构造与有利岩性对矿化的控制作用，尤其要注意接触带和断裂裂隙与矿化的关系。对于围岩蚀变，应注意其蚀变类型、分布范围、蚀变强度，特别要注意围岩蚀变与矿化的空间位置关系。对外生矿床，则应注意含矿岩系的分布特点，矿层是否稳定，底板起伏的一般规律以及构造对矿层的破坏程度等。

2. 矿点检查

在地质条件研究基础上，对可能含矿的地段因地制宜地布置重砂测量及物化探等工作，对已知的和新发现的矿点、矿化标志及物化探异常等进行地表观察，再布置更详细的重砂测量、物化探工作，并适量地用槽、井探进行检查，初步查明矿产种类、有用成分含量、矿石物质成分、矿石结构构造、矿体形态、产状及其规模大小等。

矿点检查的初期是踏勘性的，只是解决检查对象是否是矿点，并了解大致情况，从而决定有没有必要对其做进一步的检查工作。这时一般只需少数地质人员亲赴实地进行观察，并了解其周围地质情况。当经过认真工作，证明被检查的对象明显不具工业价值，则只需提出否定的证据和论述，即可结束工作。对于经踏勘确定可能有价值的矿点，则应对其进行正式检查。矿点检查内容有以下三项内容：①通过对矿山露头的仔细观察研究了解矿产性质，包括矿物成分和有用成分含量等；②追索和圈定矿体，初步弄清矿体在地表的分布范围；③当有老硐等旧矿遗址时，尽最大可能仔细了解和研究，因为它们预示着研究区是否有矿和矿体的大致情况。

（二）地质、地球物理与地球化学综合方法进行区域性普查找矿

1. 利用航空图片与地质测量制作矿点地形地质图

测图范围不必很大，以包括矿体和控矿的地质条件为准。一般情况下，应尽量把主要矿体或主要矿产露头和矿化现象置于地质图中央。测图所用比例尺，应根据矿床地质构造复杂程度而定。一般情况下，内生矿床和构造比较复杂的沉积矿床，可采用 1：1 000~1：2 000 的比例尺；构造不太复杂的沉积矿床和某些构造简单的大型矿床、似层状内生矿床，可用 1：5 000~1：10 000 的比例尺。

矿点地形地质图制作时，常利用航空像片和较大比例尺的航测地形图。以收集到的接近测图比例尺的航空像片（也可用中、小比例尺的航空像片放大），采用矿区航空地质填图的方法，将填好地质内容的航空像片进行地形地质一次成图。其方法是，先用较大比例尺的航测地形图，将测区范围放大成所需比例尺，再用航空像片在立体镜下修正补充所放大的地形细节，并补充所需的地物，

绘成测区的地形图。再将航空像片上的地质内容，转绘到地形图上，形成地形地质图。

2. 地质、地球物理与地球化学结合研究矿田的成矿条件及空间分布

在绝大多数情况下，矿床不是孤立出现，而是群集为矿田。矿田是构造上统一的局部地壳地段，包含几组在空间上接近的矿床。单个矿床及分隔矿床的无矿地段，可看作矿田的非均质单元，它们在这一构造层次上自成体系。

（1）地球物理方法研究矿田构造

矿田在矿体构造中的位置是由地壳上部结构特点，即由地壳和上地壳产出的构造断块决定的。许多矿田位于地壳断裂与不同级别和方向的区域构造断裂的交接或交错部位的构造中。应用地球物理方法查明断裂，研究断裂构造关系有利于矿田的发现。例如山东物理勘探大队在胶东招掖金矿带上用电阻率联剖装置，扫面400多平方千米，圈出了大小断裂构造17条，通过研究各构造断裂间关系，指出了蚀变岩型金矿成矿的大致范围和赋存空间，为招掖金矿带的发现做出了重要贡献。

（2）地质、地球化学、地球物理和钻探结合构筑矿体立体分布模型

由于矿化作用指示元素原生晕的垂向延伸度很大而且分带性明显，所以利用地球化学资料可以大大提高预测深度。目前已经确定，多组分地球化学原生晕与多种成因类型和成矿建造的矿田和矿床相伴随。这种晕是矿床的外带。其矿物成分和整套指示元素均与矿床类似。因此利用山地工程与钻孔样品进行地球化学测量，结合地质资料可构筑矿床的立体图形，这种矿床立体分布的三维矿体模型，配上各种岩矿石的物理性质，可以构筑矿体的地质－地球物理模型，可促进大比例尺地质填图时有效地利用地球物理方法。根据这个概念，不应把单个矿体而应把矿田作为地质普查工作的研究对象。这种方法可以保证更有把握预测含矿远景并且借助于现代地质－物理勘探方法发现盲矿，因为在查明具有局部异常物理场的单个矿体之前，必须圈定具有稳定异常物理场的整个矿田。

3. 地质、地球物理、地球化学综合方法研究找矿标志

矿床的最重要的找矿标志有矿产露头、矿产指示元素的地球化学晕、旧矿遗址以及由矿床引起的地球物理异常。通过地质、地球物理与地球化学综合研究可圈定潜在矿产位置，为下一步矿床勘探做准备。

当矿产埋藏比较浅时，通过地表与山地工程的地质测量发现的矿产原生露头与氧化露头，可揭示潜在矿床存在地区。在古代采矿业兴旺发达地区，通过废石堆、选矿尾砂或炼渣等旧矿遗址的调查研究，探索潜在矿床可能性。在圈定与旧矿遗址有关的潜在矿床时，应在与旧矿遗址处在同一背景的地区，开展地球物理与地球化学测量。根据旧矿床特征分析地球物理与地球化学异常，圈定潜在矿产存在的地区。

当矿产埋藏比较深的地区，则可通过仔细研究地球物理与地球化学区域填图成果，寻找与潜在矿床有关的地球物理与地球化学标志异常。当成矿地质条件有利地区、地球物理异常区以及地球化学异常三者中只有二者互相吻合的地区，需要进一步研究。在只依据区域重磁资料圈定异常区的地方，可开展电法、地震、放射性等地球物理工作，进一步证实矿体异常的存在。

（三）普查找矿方法综合应用的基本原则

找矿方法的综合应用是根据工作任务、工作地区的地质矿产条件和自然地理条件等合理地、有目的地应用各种找矿方法，从不同角度对地质体进行全面综合的研究。

找矿方法种类很多，各有其一定的适用条件，都可从某一方面研究地质体的特性。如地球物理方法可研究地质体引起的物性异常，地球化学方法可研究矿床的地球化学异常，重砂测量是研究矿产机械分散晕。地质观察法虽可比较全面地研究矿床及其周围的地质条件和找矿标志，但只能限于地表，受到多种条件限制，如深部情况及矿体内部情况，特别是那些肉眼不易辨认的微观标志用地质观测法就很难了解到。采用综合的找矿方法对工作区进行多方面的研究，所得的资料经过综合分析，可以相互补充、验证和对比，加以去粗取精，去伪

存真，使得地质成果更加接近客观实际，从而可以更加深刻地认识各种地质现象和矿床的形成规律，更有效地发现矿床并对其做出评价。

根据实际工作经验，找矿方法综合应用时，应注意以下几点基本原则：

①综合找矿方法是多兵种联合作战，共同研究地质体，必须以地质研究为基础。究竟应用哪种方法，主要依据所要解决的地质问题和具体的地质条件而定；无论使用哪种方法，所得的资料都必须结合地质观察研究的结果和地质理论进行综合分析，才能起到其应有作用。

②综合运用找矿方法，绝不意味着在同一地区使用的方法越多越好，而应因地制宜灵活地选择合适的方法。选择找矿方法的因素有以下几个方面：

a. 地质与矿产因素。包括主矿床地质特征、矿产种类、矿床类型、有用元素赋存状态、矿产的化学性质和物理性质等。例如寻找与基性—超基性岩有关的矿床，可用磁法圈出岩体或矿体（当矿体与岩体之间磁性差异较大时）；对于磁性矿石或被磁性围岩包围的非磁性矿体也可用磁法寻找；物理性质和化学性质稳定的矿产，可用重砂测量方法；硫化物多金属矿床，一般可用岩石地球化学测量、土壤地球化学测量、水系沉积物地球化学测量方法，也可用电阻率法、自然电位法、激发极化法等电法寻找；盐类矿床，则一般宜用重力法、电法、水化学法等。总之，地质矿产因素是影响找矿方法选择的主要因素，而这类因素又是多方面的，在实际工作中应进行具体分析和研究。

b. 自然因素。地形切割和气候所引起的不同自然景观，对找矿方法的选择有一定影响。如地形切割厉害，高差很大的山区，应用重力法以及某些电法等有一定困难；在沙漠地区使用直流电法会引起供电的困难；由于水少使用重砂测量法也会有困难。

c. 工作的性质与任务。如区域矿产普查和矿点检查，在方法的使用上不尽一致。矿点检查要求对矿床特征有所了解，使用的方法可能更多些，比如地表要用较多工程进行揭露，地球物理与地球化学测量方法种类要尽量多些，比例尺要大些；而区域普查中面上的工作，一般情况下不使用很多地表揭露工程，地球物理与地球化学测量方法的种类较少，而且比例尺可小一些。

③综合找矿方法的运作，必须各种方法紧密配合、协同作战。地质、地球物理、地球化学和探矿工程方法应实行同设计、同施工、同解释、同编写报告。在实行地质、地球物理、地球化学和探矿工程相互配合过程中，地质人员应及时明确提出要解决的地质问题，介绍测区的地质情况，提供必要的地质资料以满足地球物理与地球化学工作人员进行设计、施工和资料解释时对地质的要求。

参考文献

[1] 滕吉文.关于加快开展第二空间金属矿产资源地球物理找矿、勘探和开发的建议[J].科学新闻，2006（17）：13-15.

[2] 滕吉文.强化开展地壳内部第二深度空间金属矿产资源地球物理找矿、勘探和开发[J].地质通报，2006（7）：767-771.

[3] 余传涛，柳春林，薛俊杰，等.废弃矿井煤层气资源地球物理勘探研究进展[J].吉林大学学报（地球科学版），2023（6）：1991-2005.

[4] 杨国庆.页岩气勘探开发中地球物理技术的应用研究[J].科技创新导报，2021（19）：17-19.

[5] 高杨.油气资源地球物理勘探方法探析[J].化工设计通讯，2018（1）：191.

[6] 张锋.地球物理勘探技术在页岩气开发中的应用[J].石化技术，2021（2）：36-37.

[7] 韩世礼，肖健，柳位.机器学习在地球物理勘探中铀矿资源勘查的应用研究进展[J].铀矿地质，2024（3）：555-564.

[8] 苗峰.地球物理测井在煤层气勘探开发中的应用[J].江西煤炭科技，2018（2）：5-7，11.

[9] 高玲玲.资源勘查中地球物理勘探立体化教学与实践[J].教育教学论坛，2018（36）：130-131.

[10] 刘伟，贺振华，李可恩，等.地球物理技术在页岩气勘探开发中的应用和前景[J].煤田地质与勘探，2013（6）：68-73.

[11] 何大双，肖都，方慧，等.油气地球物理勘探回顾与展望[J].物理勘探化探计算技术，2022（6）：764-773.

[12] 江爱林. 地球物理勘探在深部金属矿产资源勘查中的应用：(评《金属矿地球物理勘探指导手册》[J]. 有色金属工程，2022（8）：205.

[13] 周权，王莉蓉. 地球物理勘探技术的发展及应用 [J]. 中国金属通报，2021（9）：240-241.

[14] 王永涛，陈茂山，陶德强，等. 多学科地球物理勘探软件平台：彰显深地资源勘探"软实力"[J]. 科技纵览，2020（4）：76-79.

[15] 于晓霞，潘迎波. 地球物理勘探在寻找临沂小黄山地区地热资源中的应用 [J]. 中国金属通报，2020，（3）：155-156.

[16] 刘天佑. 地球物理勘探概论：修订本 [M]. 武汉：中国地质大学出版社，2017.

[17] 多布林. 地球物理勘探概论 [M]. 吴晖，译. 北京：石油工业出版社，1983.

[18] 刘天佑. 地球物理勘探概论 [M]. 北京：地质出版社，2007.

[19] 李大心. 地球物理方法综合应用与解释 [M]. 武汉：中国地质大学出版社，2003.

[20] 汪利民. 浅层地震勘探 [M]. 武汉：中国地质大学出版社，2023.

[21] 刘德仁，高岳. 高等工程地质概论 [M]. 成都：西南交通大学出版社，2021.

[22] 刘磊. 土木工程概论 [M]. 成都：电子科技大学出版社，2016.